雑草学者のセンセイは
さ研究家」

稲垣栄洋

中央公論新社

雑草学のセンセイは「みちくさ研究家」

目次

1 シロツメクサとレジャーランド 9

「先生の学生時代について教えてください!」
かつて授業はサボるものだった
学生の皆さん、ごめんなさい
宮沢賢治「ポラーノの広場」のシロツメクサ
ドイツ語と雑草学を二年連続受講したワケ
「富士山は横に長い山」!?
内容は忘れたけど、とにかくすごい授業
アインシュタイン曰く「本当の教育とは……」

2 不合格通知とオオイヌノフグリ 33

初めて図鑑を調べて覚えた雑草は?
大学に落ちて良かった
山頂を目指すには、どの登り口から?
いじわるじいさんのような失敗
もし首席で合格していたら……

3 オヒシバと坂道アイドル 53

4 タイヌビエと漫才コンビ 69

聖女ベロニカの花
電報文は「ラクヨウ」
罪作りな牧野富太郎博士
「犬」と名前につく雑草たち

「雑草」と「植物」はどう違う？
Jポップとハルジオン
「メヒシバとオヒシバはどこが違うんですか？」
金魚のフンが学んだ、大切なこと

田植えガール、参上
「田植え」を知らない農学部生たち
農業体験はなぜ精神論になってしまうのか？
宇根豊さんの教え
田んぼの中は、スマホのない世界
科学的根拠のない発言

日本の農業「近代化」の現実
田んぼのスペシャリスト、タイヌビエ
タイヌビエの生き残り戦略
植物図鑑の限界

5 忍者屋敷とコオニビシ 97

外来生物ジャンボタニシ
全国的にも貴重種のマルタニシ
アメンボとミズグモ
忍者屋敷は実在した！
植物の利用法を忍者は知り尽くしていた
忍者は本当にヒシの実を使ったのか
ヨモギから作った驚くべきもの

6 誰もいない森とジャングル芋掘り 119

一番おいしい農作物は誰の手に？
学生ばかりか教員も泣かせるレポート
草取りすればするほど雑草は増える
研究室メンバーの悪だくみ

7 セイタカアワダチソウと花粉症

137

ジャングル芋掘りは「生物的防除法」だ！
ジャングルに雑草は生えない
人のいないところに生える雑草

問題は「多いか少ないか」ではない。「あるかないか」だ
それはある日突然に
この世のものとは思えない快楽
けっしてかわいらしくない「イチゴ花粉症」
カモガヤを探して
裸子植物と被子植物
犯人はセイタカアワダチソウ？
ブタクサが分布を広げた理由
花粉の数を数えるのが得意なんです
アキノキリンソウが日本の野山から消える日
あれだけ繁茂したセイタカアワダチソウが……

8 イタドリと左腕の古傷 163

鎌は危険！
四国の「酷道」で見つけたもの
おばあさんは私の傷口に葉を塗りつけた
不思議な言い伝え
「二度芋」の秘密

9 メリケンカルカヤと青春18きっぷの旅 181

そばとうどんと青春18きっぷ
鉄道の広がりとともに雑草も全国へ
ユーミンも筆の誤り
幻のハルジオン調査計画
新幹線のように走り続けて
なつかしい鈍行の旅

10 「教えない先生」とコウガイゼキショウ 197

コロナ禍の学生たちの本音
イグサに魅せられて
人生を決定づけられた助教授のひと言
「教える力」と「教えない力」

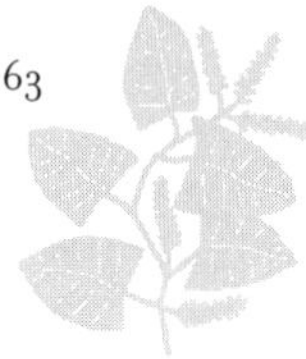

雑草学は学生に教えない学問である
イネの研究室、雑草の研究室
「お前は破門だ！」
エスケープ雑草の生きざま

11 温泉卓球とスミレの花 219

茶摘みはおしゃべりしてこそ
こうして私は「温泉卓球の狼」になった！
信濃くんの得意技「中国四千年のサーブ」
希望と絶望
人間はイヤな生き物だが、いいなと思うときもある
踏まれた雑草は立ち上がらない
バラのように生きる

あとがき——スカシタゴボウとみちくさ研究家 241

ブックデザイン・イラストレーション　浅妻健司

1
シロツメクサとレジャーランド

「先生の学生時代について教えてください！」

「〝尊敬する人にインタビューする〟という課題があるんですけど、先生にインタビューしてもいいですか？」

授業後に教壇で片付けをしていると、一人の学生がやってきた。

「えっ。私？」

思わず驚いて、聞き返した。

（なんともはや、ついに私を尊敬してくれるような学生が現れたか……）

少しだけ悦に入ったが、その喜びを表情に出さないように努力して、できるだけ平静を保ちながら、謙遜してみた。

「いやいや尊敬する人って、もっと他にいるでしょ」

「それはそうですけど……本当に尊敬する人にはインタビューなんかできません」

「あっ……まぁ、それはそうだよね」

なるほど、確かにそうだ。私は納得した。

先生というのはてっとり早くインタビューするには、ちょうど良いということなのだろう。


「ところで、先生の学生時代について聞いてもいいですか？」

学生はいきなり聞いてきた。

(私の学生時代……いやいや困ったなぁ)

私は絶句した。

学生時代の話など、恥ずかしくて学生に聞かせられるはずもない。

何より、私の目から見ると、今の学生はよほどしっかりしている。

授業もしっかり受けているし、学生たちの多くが成績も良い。もちろん、中には成績の悪い学生もいるが、それは「中には」という相対的な話で、成績が悪いという学生も、学生時代の私と比べればずっと優秀だ。

考え方も大人びてしっかりしている。

「それに比べて、私の学生時代は本当にバカだったなぁ」、私は学生時代をなつかしく思い出した。

いやいや、何を思い出しても、学生に話せそうなことはまるでない。思い浮かぶのは、どれもこれも学生には聞かせられないような話ばかりだ。

せっかく今は偉そうに教鞭を執っているのである。今さら学生時代の話など、とてもできるはずがない。

「うーん」

私は、少し考えてからこう言った。

「今日は忙しいから、インタビューは次の授業の後にしてくれる。それまでに、色々と思い出しておくから」

こうして、私は何とか学生を追い返すことに成功した。

かつて授業はサボるものだった

かつて「大学はレジャーランド」と揶揄された時代があった。

私の学生時代は、まさにそれである。

過酷な大学受験を終えて、当時の大学生はすっかり気が抜けてしまっていたのだ。

もちろん、今でも学生たちは過酷な受験戦争を経て大学へやってくる。

しかし、現在の学生たちは大学に入ってなお、勉強を怠らない。

心の底から、偉いなぁと思う。

そもそも、今の学生は、「単位を落とす」ことはあまりない。

昔は、「単位を落とす」という話はよくあった。いや、もしかするとそんなにはなかったのかもしれないが、少なくとも私にはあった。

今の学生は授業をサボらない。

私たちのときは、授業はサボるものだった。


社会学の授業は、私はほとんど出席していなかった。社会学の先生は「テストさえできればそれで良い」という考えで、出席を取らなかったのである。

そのため、授業には出なかったが、先輩からもらった教科書でテスト勉強だけはした。

「テスト勉強はした」と言っても、ほとんど一夜漬けである。

私は徹夜で勉強をして、何とか単位が得られる程度の知識を身につけた。

徹夜明けはどういうわけか、テンションが高くなる。

私はご機嫌で、試験を受けに行った。ところが、である。いつもの教室に行ってみると誰もいない。もぬけの殻である。

（？？？）

どうやら、授業の教室と試験の教室は違うようだ。

試験のときは、ふだん出席しない学生も参加するから、人数が多くなる。またカンニングを防ぐために、間隔を空けて座る。そのため、いつもより広い教室で試験をすることがあるのである。

（どこだろう？）

私は試験会場となっているだろう教室を探したが、まったく見つからない。探し回っているうちに授業時間は終了してしまった。

おそらく、大学の教務担当に尋ねれば、簡単に解決したのだろうが、「試験会場がわかりません」と聞きに行く勇気は、若い私にはなかったのだ。

こうして、私は社会学の単位を落とした。

学生の皆さん、ごめんなさい

反対に、しっかりと出席すれば、単位が取れる科目もあった。

楽単《らくたん》（楽に単位を取れる）の授業は人気が高く、大きな講義室に二〇〇人くらいはいたのではないかと思う。座りきれずに後ろで立ち見をしたり、廊下にいる学生もいた。

先生はしっかりと出席を取る。

先生は名簿に目を落とし、名前を読み上げていく。

立ち見の学生や廊下にいた学生は、自分の名前が呼ばれて返事をすると、ゾロゾロと部屋を出て行く。出席が大事なので、名前さえ呼ばれれば、それで用は済んでいるのだ。

友だちの名前に代わりに返事をする「代返」をしている学生もいる。ていねいな学生は、代返をするとき、一人一人声色を変えながら何役もこなして友だちの分を返事している。

もっとも、先生は名簿に目を落としたままで、学生の顔を見ようともしないから、代返をしてもまったくバレる気配はない。こうして、淡々と名前が読み上げられていく。

しかし、学生は二〇〇人もいる。すべてを読み終える頃には、もう三〇分くらいは時間が経っている。

先生も返事をして教室を抜け出ていく学生が多いことを気にしていたのだろう。

「それでは、もう一度、出席を取ります」と不正を防ぐために、二回目の出席を取ることがある。

返事をして部屋を出て行こうとした学生の何人かが、それを聞いて教室に戻ってくる。そして、先生は再び、名簿を見ながら出席を取っていくのだ。

二回目の出席確認が終わる頃には、もう授業時間は残りわずかになっている。

私はあまりにバカバカしくなって、授業に行かなくなり、この楽単の授業の単位を潔く落とした。

ただ、大学を卒業して数十年、もっとも記憶に残っている授業は、この出席を取り続ける地理学の授業だ。

大学の授業というのは、そんなものである。


学生も先生もこんな調子だったから、それが社会問題となって、レジャーランドだった大学を欧米並みの「勉強の場にする」という改革が断行されてきた。

その結果、現在の大学生たちは、過酷な受験戦争を終えてなお、勉強をし続けなければならなくなってしまったのだ。

本当に今の学生の皆さんには、申し訳ない気持ちでいっぱいだ。

宮沢賢治「ポラーノの広場」のシロツメクサ

授業をサボって、よく時間つぶしをするのが図書館だった。

キャンパスを歩く学生を見下ろせる窓際の席があって、そこがお気に入りだった。図書館が好きというよりは、大学の図書館にいる自分が好きだったのだろう。

あるとき、宮沢賢治の全集を読もうと思い立った。

宮沢賢治の全集は青緑色をした分厚い背表紙が並んでいたので、とても存在感がある。そのため、何となく気になったのだ。

つまり宮沢賢治が好きというよりは、おそらくは、分厚い全集を読んでいる自分が好きだったのだ。

宮沢賢治の童話や詩の中には、さまざまな植物が登場する。

私が大学一年生の頃は、それほど植物に興味があるというわけではなかったし、まったくくわしくもなかったが、名前だけではイメージがわかないので、植物図鑑を持ってきて、宮沢賢治の本と並べながら読んでいた。

宮沢賢治の童話に中に「ポラーノの広場」というものがある。

その童話では、夕暮れにシロツメクサの花のなかに現れる番号をたどっていくと「ポラーノの広場」に着くことができると書かれている。

なんて、ファンタジーに満ちた世界観なのだろう。

シロツメクサ
1
2
3
4
5
6
7
8
9
10
11
12
13

図鑑を見るだけではよくわからなかったので、図書館の中庭に生えているシロツメクサを見てみた。

しゃがみこんで花をのぞいてみると、驚くことに数字が見えるような気もする。

じつはシロツメクサは小さな花が集まって、一つの大きな花を形成している。

その花が下から順番に咲いていって、咲き終わった花は垂れ下がる。垂れ下がって陰になった部分が数字のようにも見えるのだ。

しかも、どの花が咲いて、どこまで咲き終わったかは、一つ一つの花によって違うから、それぞれの花で数字が違っているようにも見える。

もしかすると、本当に数字をたどることができるかもしれない。

宮沢賢治は、シロツメクサの小さな花をこう表現している。

「あのあかりはねえ、そばでよく見るとまるで小さな蛾の形の青じろいあかりの集《あつま》りだよ」

シロツメクサのようなマメ科の花は、チョウのような形にたとえられ「蝶形花《ちょうけいか》」と呼ばれている。そういえば、薄曇りの空の下で青白くも見える。

宮沢賢治の科学的な観察眼と、それを幻想的な物語に仕上げた創造力に驚かされた。

そして、はりきって宮沢賢治の全集を読み始めたのだ……と言いたいところだが、結局、あまりに分厚すぎて、全集の最初の数冊だけ読んで頓挫していた。

もっとも、こうして書くと、いつも図書館に入り浸っていたみたいに聞こえるかもしれないが、そうではない。キャンパス内にある図書館が、一コマという中途半端な時間をつぶすのにちょうど良かったというだけの話である。

もちろん、まとめて授業をサボるときには、大学へは行かなかった。

ドイツ語と雑草学を二年連続受講したワケ

そうは言っても、まったく勉強しなかったわけではない。

当時の大学は「好きなことを好きなだけ勉強するところだ」という雰囲気があった。「自主ゼミ」という言葉もあって、授業でもないのに、学生たちが勝手に本を輪読したりして勉強しあうゼミもあった。

「好きなことを好きなだけ勉強する」という言葉を真に受けた私も、「つまらない授業は出ないか、寝る。面白いと思った授業は一生懸命に聞く」、と徹底していた。

ドイツ語はカッコ良さそうだと思って履修したが、あまり実用性が感じられず、身が入らなかった。

ドイツ語は朝一コマ目の授業だった。もしかしたら、朝の授業でなければ単位を取れたかもしれないが、寝坊することが多くて、単位を落とした。

第二外国語は必修の授業だったから、私は翌年も、もう一年、受講することになった。つまり私のドイツ語学習歴は、二年である。

雑草学も二年連続で受講した。

しかし、こちらは、単位を落としたわけではない。単位を取ったが、授業が面白かったから、次の年も受講したのだ。

履修が認められていない理学部の授業をこっそり聞きに行ったこともある。

単位にこだわらず、面白い授業は聞く。

まぁ、そんないい加減な感じだった。

「富士山は横に長い山」!?

「興味のあることをトコトン勉強し、興味のないことは勉強しない」

当時の私はこのスタンスをカッコいいと思っていたが、大人になって思うのは、「興味のない授業も勉強しておけば良かった」ということだ。

何しろ、卒業してからは、どの科目が役に立つかわからない。

興味がないと思っていた分野が仕事に関わってくることもあるし、興味がなかった分野が突然、面白く感じられることもある。

長い人生を考えれば、役に立たない知識などないのだ。

私は学生たちに、ときどきこんな話をする。

「皆さんは、富士山は高い山だと思っていますよね」

私は言葉を続けた。

「富士山は日本一、高い山です。しかし、富士山を眺めてみると、じつは上方向の長さよりも、横方向の長さのほうが長いことに気がつきます。

つまり、富士山は横に長い山なのです。

富士山は広いすそ野を持っています。だからこそ、あれだけの高い山としてそびえているのです」


ただ、上へ積み上げるだけでは倒れてしまう。高いところに到達しようと思えば、富士のすそ野のような「広さ」が必要なのだ。

そうだとすれば、学生時代には役に立たないように見える授業も、今は興味のない授業も、勉強しておいて損はない。

大学という場所は今も昔も「サブスク」である。

一定の授業料さえ払えば、どれだけ授業を受けてもいい。つまり、「定額、授業受けホーダイ」だ。

その大学の学生であれば、大学のどの授業を聞いても、追加の課金は必要ない。

しかし、卒業してからは大学の先生の話など、なかなか聞けない。受講料が必要なときもある。

それだけではない。

大学の先生は、当たり前のように先端の研究の話をしている。しかも、一般向けの講演では、内緒にしておくような現在進行形の最先端の話を、学生相手であれば惜しげもなく披露してしまうのである。

これは聞かない手はない。

考えてみれば、大学の授業料だって、けっして安くはない。

大学の授業料を、受講している科目数で割り算してみるとどうなるだろう。おそらくは、一コマの授業あたり、映画やコンサートに行くのと同じか、それ以上の金額を支払っていることだろう。

そうだとすれば、色々な授業を受けておいたほうがオトクである。

もっとも、こんな話は学生には絶対にしない。

もし、学生が授業一コマの単価を計算してしまうと、私は映画やコンサートと同じくらいのクオリティの授業をしなければならなくなってしまうからだ。

内容は忘れたけど、とにかくすごい授業

私が学生時代に面白いと思った授業の一つに、哲学がある。

哲学は何人も先生がいて、授業もいくつもあった。そのため学生たちは、「鈴木哲学」とか、「山田哲学」とか、先生の名前をつけて、その授業を呼び分けていた。

先生の名前をつけて呼んでいたのは、授業の内容よりも、誰の授業なのかが重要だったからだ。

もっともそれは、「この先生に学びたい」というよりは、「この先生の授業は単位が取りやすい」という授業評価をするためだった。

その中で私が面白いと思った授業が「西船哲学」である。

西船先生の授業は、土曜日の一コマ目の授業だった。

今の学生には考えられないだろうが、昔は土曜日も休みではなく、授業があった。

大学だけではなく、会社も役所も、小学校や幼稚園さえ土曜日は休みではなかった。週休二日が当たり前の現代では考えられないが、昔は週の休みは日曜日だけだったのだ。もっとも、土曜日は終日ではなく、午前の半日だけだった。会社も役所も小学校も幼稚園も午前中で終わりだったのである。

そのため、「半日で終わり」という言葉があって、小学生でも「半ドン」という言葉を知っていた。半ドンは「半日で終わり」というすてきな意味である。

子どもの頃は、「半ドン」は、土曜日は半分だから、「半土」という意味だと思っていた。学生の頃には、「半分どんたく」の略だと知るようになった。「どんたく」は、オランダ語の休日に由来するらしい。

「博多どんたく」という有名なお祭りがあるが、その「どんたく」と同じ意味である。「半分仕事で、半分どんたく」、なんてすてきな言葉なんだろう。

子どもたちは、午前中は学校で会うから、午後の遊ぶ約束を交わすことができる。大人たちは、会社の帰りに買い物に出掛けたり、日曜日と合わせて職場の旅行に出掛けたりする。それが「半ドン」である。

授業を休んでも怒られない大学生たちにとっては、毎日が日曜日のようなものだったが、それでも、小さい頃から染みついた「半ドン」のウキウキ感がある。それが土曜日だった。

西船先生の授業は、そんな土曜日の一コマ目だった。

ただでさえ、学生たちにとって一コマ目の授業はつらい。起きられないからだ。

何しろ、私がドイツ語の授業の単位を落としたのは、それが一コマ目だったせいだ。

もし、ドイツ語が午後の授業だったら、私はきっと優秀な成績で単位を修めていたことだろう。

西船哲学は、人気のある授業だった。

それは授業が面白いからではない。出席を取らないからである。それに履修さえしていれば、単位を取りやすい科目として学生たちの間で評判だった。いわゆる「楽単」である。

人気があるから、二〇〇人くらいが入る教室で、最初の授業は立ち見が出ていた。

しかし、それは最初の授業だけである。

「行かなくても単位が取れる授業」だとわかると、次の週からは座るのに苦労しないようになった。しかも、その人数も毎週毎週減っていって……最後には四人だけになってしまった。

二〇〇人座れる教室にポツン、ポツンと四人が座っているだけなのである。

いつもその四人は決まっていて、座っている場所もだいたい同じだった。

面白い授業は前で聞くと決めていた私は、講義室の前のほうでいつも授業を聞いていた。

その授業はじつに面白かった。

いや、何が面白かったかというと……じつは中身はすっかり忘れてしまった。

残念ながら、私の頭の中には、すでに哲学のかけらもない。

ただ、面白かったという記憶が残っているだけだ。

アインシュタイン曰く「本当の教育とは……」

西船先生は、白髪交じりで、学生から見るとおじいさんの先生である。映画「スター・ウォーズ」にオビ＝ワン・ケノービという主人公の師匠となる人物が登場するが、よく似た感じの風貌だった。

そして、その授業はじつにすごかった。

オビ＝ワンのような西船先生は、広々とした講義室に学生がほとんどいなくても、それを気にすることもないようだった。そして、まるで講義室いっぱいの学生に授業をするように、時に演説するように、時に謳うように、堂々と、そして朗々と哲学を語るのだ。

私は、その雰囲気にただただ魅了されていた。そんな授業だった。

大学教員となって、講義室で教鞭を執る立場になった今、西船先生のすごさはよくわかる。「先生」と偉そうにしていても、学生がいなければ、ただの人である。

偉そうに授業をすることができるのも、それを聞いてくれる学生がいればこそだ。

これは、教員になってからわかったことだが、教壇というのは、よく作られていて、教壇に立つと隅々までよく見える。内職しているのもよく見える。昔、隠れて弁当を食べる早弁をしていたことがあるが、それも先生が見逃してくれていたのだろう。

後ろのほうから学生がコソコソと授業を抜け出してエスケープしていくようすもよく見える。身をかがめて本人は隠れているつもりだが、教壇からは、丸見えなのだ。

エスケープしていく学生が教壇から見えると、意外と気になる。もしかすると、歯医者の予約が入っているだけかもしれないが、学生が授業を抜けていくのが見えると「やっぱり、授業が面白くなかったんだ……」とヘコんでしまったりするのである。

ふだんは偉そうに振る舞っていても、先生というのは、そんな繊細な生き物なのだ。

それに比べて西船先生はどうだろう。

たった四人の学生たちを前にして、堂々と授業をされているのだ。

何という強さだろう。何という勇気だろう。何とカッコいい先生なのだろう。

授業で習ったことはまったく忘れてしまったが、教鞭を執る西船先生の姿だけは、ありありと思い浮かべることができる。

「本当の教育とは、学校で学んだことを忘れてしまった後に残るものだ」

思い出すのは、アルベルト・アインシュタインの言葉だ。

私の授業は学生たちに何かを残しているだろうか。

本当は私も出席を取らない授業にあこがれているが、出席を取らなければ、誰も来なくなってしまうだろう。それが怖いから、私は出席を取って学生たちを無理やり来させている。そして、集まってきた大勢の学生たちを前に、悦に入って授業をしている。

私はまだまだ西船先生の足下にも及ばない。


それにしても、「哲学」なんて役に立たない、と言われることもあるけれど、本当のところは、どうなのだろう。

私は卒業してふつうに就職をし、その後は、理系の研究者となったから、哲学が直接、役に立ったことはない。哲学を教わったことで人生が大きく変わったという経験も、残念ながらない。

たとえば、植物を育てるには豊かな土が必要だ。

確かに、水耕栽培のように、必要最低限の栄養分だけでも植物は育つが、人生はそれだけでは物足りない。

「豊かな土」とは何だろう。

役に立ちそうなものも、役に立たなそうなものも、色々とあって、それが植物の体をつくり、植物の成長を支えていく。

哲学も宮沢賢治も、今ではきれいさっぱり忘れてしまったが、きっとそれが豊かな土となり、成長の栄養となり、体となっているのだろう。

豊かな植物を育てるには「豊かな土作り」が必要だ。

そして、勉強をするということは、きっとそういうことなのだ。

私はそう思う。


とまぁ、偉そうにまとめてみたところで、トータルすると私が学生の頃は、まともに授業に出ていなかったというだけの話だ。

平気で授業をサボっていたなんて、こんな話、若い人にはゼッタイに聞かせられないよ。

2

不合格通知とオオイヌノフグリ

初めて図鑑を調べて覚えた雑草は？

「先生の一番好きな雑草は何ですか？」

学生たちから、そう質問されることが多い。

ただ、雑草好きの私にとっては、これは難しい質問だ。

「まぁ、全部好きだね。言ってみれば箱推《はこお》しかな」

「箱推し」というのは、アイドルグループなどで、特定の個人ではなく、グループ全体を好きで応援することを言うらしい。それを学生に教わってから「箱推し」という言葉が、もっともぴったりくると感じて、気に入って使っている。

「箱推しですか……」

学生は不満そうだ。

（自分たちは平気で箱推ししているのに、先生が雑草を箱推ししていたって、別にいいじゃないか！）

もっとも、私にも学生時代には、好きな雑草があった。

それは、オオイヌノフグリである。

オオイヌノフグリは私が、初めて図鑑を調べて覚えた雑草でもある。

その雑草を見かけたのは、大学受験の帰り道だった。

大学に落ちて良かった

あらかじめ告白しておくと、私は大学受験には失敗している。

しかし、不思議なものである。

今までの人生を振り返って、「もっとも幸運だったことは何ですか？」と問われれば、私は迷うことなく、自信を持ってこう答えるだろう。

「それは、大学受験で志望校に落ちたことです」

もちろん、負け惜しみではない。

そもそも、今さら負け惜しみを言っても仕方がない。幸運だったと思っているのは、本心である。

本当に、心の底からそう思う。

何しろ、もし、希望通りの大学に行っていたら、私は「雑草学」と出会っていない。

多くの大切な友だちとも出会っていない。私の人生に影響を与えてくれた恩師たちとも出会っていない。

何しろ、私は今の妻と出会ったのも大学時代だったから、もし、第一志望校に受かっていたら、今の家族もない。

本当に、今の私の体の八割くらいは、大学に落ちたことによって得られたものだ。

もし、大学に受かっていたら、いったいどうなっていただろう、そう思うと、今でもゾッとする。

❦

私の勤める大学には、希望して入学してきた学生も多くいれば、希望が叶わずに、結果的に、この大学にやってきた学生もいる。

もっとも、これは私の大学だけではないだろう。ほとんどすべての学生は、どこかで何らかの挫折をして、受験する大学や、進学先を決めているはずである。

人生は希望通りに行くこともあれば、行かないこともある。

すべてが思い通りで挫折を知らないという人がいたとしたら、それは人間ではなく、神である。

しかし、希望通りに行かなかったことが、悪いこととは限らない。それが、人生の面白いところである。

振り返れば、大学に落ちて良かったと思える私のような人生もある。

だから、希望通りの道へ進むことができなかったとしても、何も諦める必要はない。

前へ進めば良いだけだ。

山頂を目指すには、どの登り口から?

たとえ希望せずに私の大学に来た学生であっても、この大学で良き友人を得て、良き思い出を作ってほしい。そして、良い人生を進んでほしい。私はそう思う。

五月の連休が終わると、四月に農学部に入学した新入生たちは、私の研究室がある大学農場に見学に来る。希望に満ちて入ってきたばかりの新入生に「余計なことは言わなくてもいいかな」、と悩みながらも、私は五分だけ時間をもらって富士山の話をする。

私の大学のある街からは、富士山がよく見える。

入学したての頃は、珍しくてスマホで写真を撮っていた新入生も、そろそろ富士山に見飽きてくる頃である。

「富士山には、いくつも登り口があります」

私は話し始めた。

「どの登り口からも富士山の頂上に登ることができます。

皆さんは、これまで大学受験に向かって頑張ってきましたが、その先には、これをやりたい、とか、こんな風になりたい、という夢や希望があったはずです。

大学に入ることは、その夢への登り口に過ぎません。

どこどこ大学へ行きたいとか、どこどこ大学へ行きたかったとか、それは単なる登り口の話です。

もし、皆さんがもっと高いところを目指しているのだとすれば、どの場所からも頂上を目指すことができます。

皆さんは、今、登り口にやってきました。

登り口をゴールにしてきた人にとっては、もしかすると、ここは希望の登り口ではないかもしれません。

しかし、もし、高いところを目指している人にとっては、ここがスタート地点です。

ぜひ、今いる登り口から高い山頂を目指してください」

いじわるじいさんのような失敗

私が受験生だったとき、志望していたのは、まったく別の大学だった。

もっとも、志望していたと言っても、「どうしても行きたい」と強く志望していたわけではなかったが、自分の成績で行けそうなところをとりあえずの「志望校」と称していた。しかも、浪人はしたくないと思っていたから、余力を持って合格できそうなところを志望校にしていた。

あるとき、仲の良かったクラスの友だちが一枚のハガキを見せびらかしていた。

何でも、「自分はこういう勉強をしたくて、貴大学を志望している」と大学に手紙を書いたところ、著名な教授の先生から「ぜひ、君のような学生に来てもらいたい」と返事が来たらしい。しかも、いかにも大学教授という風の文章が、小さな文字でハガキにびっしりと書かれていた。

こんなもの、もらったらモチベーションが上がるに決まっている。

（自分も欲しい）

そう思った私は、早速マネをして、志望している大学に手紙を書いた。するとと、驚くことに私にも大学教授から返事が来たのだ。

私へのハガキにもびっしりと文字が書かれていた。

ただし、そこには「君の勉強したいことは、この大学では学べません。他の大学を受験することをお勧めします」と書かれていた。

まるで、隣のおじいさんのマネをして失敗する昔話のいじわるじいさんだ。

それにしても、受けないほうが良いと言うなんて一人でも受験生を集めて、倍率を上げようとする昨今の大学と比べれば、じつに誠実である。

しかも、一受験生が送ってきた手紙に、しっかり返事を書くなんて、本当にていねいな対応だ。

実際に、今の私は、この一枚のハガキのおかげで存在すると言ってもいい。

名前は忘れてしまったが、私に返事をくれた大学教授には、本当に感謝である。

もし首席で合格していたら……

いずれにしても、かくして私は、自分の偏差値を見て、同じランクの表の中にある同じような大学を受けることにした。受験を控えた高校三年生の秋の終わりのことである。

私の偏差値からすれば、難なく入れるような大学を選んだつもりだった。

模試の成績もA判定か、悪くてもB判定で、志望者の中では順位もいつも上位だった。

A判定なら、もっと偏差値の高い大学を受ければ良いのではないか、と思う方もいるだろうが、何しろ私は英語が嫌いだった。

英語を勉強するのがイヤだったから、受験科目に英語がない大学を選んでいたのである。

大学入試、当日。

合格する自信があったとはいえ、やっぱり入試は緊張するものだ。

冬なので、キャンパスの木々は葉を落としている。

春になれば、この木々たちが一斉に芽吹くことだろう。

(四月からはこのキャンパスに通うのか……)

私は感慨深い気持ちになった。


理科と数学の試験を終えて、大学から最寄り駅までの帰り道を歩いていると、ふと、道ばたに咲くきれいな花を見つけた。

るり色の特徴的な花はキラキラと輝くようで、とても美しい。

不思議なことに、行きも同じ道を通ったはずだが、行きには気がつかなかった。

それだけ、まわりの物が目に入らなかったということなのだろう。

大学の二次試験は手応えがあった。

もともと私の実力であれば、落ちることのない大学である。

もしかすると、首席で合格してしまうかもしれない。首席合格者は入学式で挨拶をするのだろうか。私はどんな挨拶をすれば良いのだろう。

あろうことか、私は入学式での挨拶文まで考えながら帰路についたのだ。

聖女ベロニカの花

家に帰ってから、るり色の花が気になって、図鑑で調べると、それは「オオイヌノフグリ」という植物であった。

私は大学に入る前は、オオイヌノフグリさえ、知らなかったのだ。


オオイヌノフグリは春に他の花に先駆けて美しく咲く花である。

ヨーロッパ原産の帰化植物とされるが、学名はベロニカ・ペルシカ、このペルシカは「ペルシャの」という意味だから、もともとは中東が原産地なのかもしれない。

ちなみに、ベロニカは、キリスト教の聖女の名前である。

イエス・キリストが十字架を背負ってゴルゴタの丘へと向かっているときに、一人の女性がキリストに白いベールを差し出した。この女性がベロニカである。

キリストはそのベールで汗をぬぐってベロニカに返した。

やがて、ベロニカのベールには、キリストの顔が浮かび上がるという奇跡が起こったという。

実際に、オオイヌノフグリの花をよく見ると、キリストの顔が浮かんでいるように見える。

ん？　まぁ見えるか？

オオイヌノフグリ

まぁ、見えると伝えられている。そのため、オオイヌノフグリは聖女ベロニカの花と呼ばれているのだ。それが、学名のベロニカの由来である。

オオイヌノフグリは、乾燥した、朝夕は冷え込む砂漠の気候に適応しているのだろう。日本の雨が少なく寒い冬を越し、春に先駆けて花を咲かせるのだ。

電報文は「ラクヨウ」

そして、待ちに待った合格発表の日。

現在のようなインターネットは、当時はまだなかったので、大学の掲示板に貼られる合格発表を見に行くか、遠方の場合は電報を打ってもらうのが定番だった。

私は電報を待っていた。

朝からずっと待っていて、夜遅くになって待ちわびた電報が来た。

電報は「サクラサク」とか「サクラチル」というように、カタカナで書かれている。

電報を見ると、カタカナが並ぶ電報文の中に「ラクヨウ」という単語があった。

(ラクヨウ？　どういう意味だろう)

私はどういう漢字を当てはめれば、ラクヨウが、合格を意味する言葉になるのか、色々と考えてみた。しかし、思いつかない。

本当にお粗末な話だが、それが「落葉」を意味することに気がつくまでに、かなりの時間を要してしまった。


ショックというよりは、まさか落ちると思っていなかったからビックリした。

そして、次の瞬間「どうしよう」と思った。

絶対、合格するつもりだったから、滑り止めのような大学はほとんど受けていない。受験した大学は、あと一校だけだった。

そういえば、その大学から、数日前に郵便が届いていた。

私は、手紙の束の中から、その大学の郵便を見つけて、あわてて開封した。

合格通知だった。

良かった……これで浪人せずにすむ。

思ったのはそれだけだった。


それにしても、どうして落ちたのだろう。

きっと名前を書き忘れたに違いない。

もっとも、後に大学の先生になって、名前を書き忘れても、それだけで不合格にはならない、という事実を知った。しかし、それまではずっと、私は名前を書き忘れて落ちたのだと信じていた。

本当に、自信過剰も甚だしい。

罪作りな牧野富太郎博士

オオイヌノフグリは、春を告げる花である。

春の来ない冬はないというように、やがて季節は春となり、私は大学一年生となった。

スマートフォンやＬＩＮＥなどもない時代である。

クラスの名簿を作ろうということになり、住所や電話番号を書く紙が回ってきた。その用紙には、趣味やら座右の銘やらを書く欄もあり、その中に「好きな異性のタイプ」というものがあった。

今では考えられないような、個人情報満載、プライバシーなしの名簿である。

私は少し考えて「ひだまりに咲くオオイヌノフグリのような女の子」と書いた。

受験の帰り道に見たオオイヌノフグリの姿が脳裏に浮かんでいた。

ところで、「オオイヌノフグリ」って、どんな語源があるのだろう。

オオイヌノフグリは、「大犬のふぐり」である。

この「ふぐり」って何だろう。きっとかわいい花にふさわしい、すてきな言葉に違いない。

調べてみて、仰天した。

少し植物にくわしい人であれば、誰でも知っていることだが、「ふぐり」は陰嚢《いんのう》という意味である。陰嚢とは睾丸のことだ。ある図鑑では、「別名にイヌノキンタマという」とていねいな解説が書かれていた。

何でも実の形がイヌのキン××に似ているらしい。

オオイヌノフグリの命名者は、かの有名な植物学者である牧野富太郎博士である。

もっとも、江戸時代からイヌノフグリと呼ばれている在来の植物があった。

オオイヌノフグリは、このイヌノフグリの仲間の外来種であることから、牧野博士は「オオイヌノフグリ」と名付けたのだ。別に「大きい犬」のふぐり、という意味でもないし、大きい「犬のふぐり」でもない。

確かに在来のイヌノフグリの実は、ダランとしていて、まさしく「犬のふぐり」という感じである。

これに対して舶来のオオイヌノフグリの実は、イヌのふぐりにしてはシャキッとしている。

しかし、オオイヌノフグリは罪作りな名前である。

こんな説明を今どきの女子にしたら、エロい先生だと気持ち悪がられるかもしれない。

この実をルーペで観察しましょう、などと言えばセクハラで訴えられるかもしれない。

そのため、私はオオイヌノフグリを紹介するときに、「くわしい説明はググって（インターネットで）調べてね」で終わらせている。

困ったのは、NHKのラジオでオオイヌノフグリを紹介したときだ。

確認したところ、陰嚢や睾丸という言葉は使ってもいいらしい。

ただし、ラジオは文字情報がなく、伝わるのは音だけである。

「インノウに由来します」や「コウガンという意味です」と言っても、知らない人にはピンと来ない。

そこで、私もまた、あの説明を加えるしかなかった。

「別名ではイヌノキンタマと言うそうです」

（これが、深夜のラジオ番組で本当に良かった……）

「犬」と名前につく雑草たち

かわいらしい花に「イヌノキンタマ」ではかわいそうと、植物学者の間では「瑠璃唐草《ルリカラクサ》」や

「天人唐草」という名前に改名しようという議論も起こったが、結局はオオイヌノフグリのままである。

一方、「星の瞳」というすてきな別名もある。

英語では、「キャッツアイ（猫の目）」や「バーズアイ（鳥の目）」という呼び名もある。

るり色に輝く花には、こちらのほうがふさわしい気がする。

学生時代の私も、どうして、このかわいらしい花に、ひどい名前をつけるのだろうと不満だった。

しかし、今は違う。

るり色の花には目もくれずに、実の形で名前をつけた昔の人のセンスはすごい、とその観察眼に感心するようになった。

それでも、オオイヌノフグリは、説明しづらい植物であることに変わりはない。植物学者の端くれとしては、もう少し説明しやすい名前だとありがたいという気持ちはある。

これもよくある説明だが、「犬」と名前につくのは「役に立たない」という意味がある。

たとえば、イヌムギは、「役に立たない麦」という意味である。麦に似ているのに、食べることができず、役に立たないことから名付けられているのだ。

イヌタデも「役に立たないタデ」という意味だ。タデは刺身のつまや鮎のたで酢など薬味に使う植物である。イヌタデは薬味のタデのような辛味がない。そのため、「役に立たないタデ」と呼ばれているのだ。

こういう説明をしていると必ず、「イヌノフグリはどうですか?」と聞いてくる学生がいる。

役に立たないフグリ……。

(そんな名前をつけるわけがないだろ!)

何しろ、私が君たちくらいの年齢のときには、好きな異性のタイプを「オオイヌノフグリみたいな女の子」と書いていたんだぞ。

3
オヒシバと
坂道アイドル

「雑草」と「植物」はどう違う？

私の大学には、一年生が入ってきた春に、グループで近くの山にハイキングに行くという授業がある。

山道を登りながら、地図を見て地形を読んだり、森林のようすを観察したりしていくのだ。

私は「植物にくわしい」と思われているが、実際には雑草の専門家である。

だから雑草についてはそこそこわかるが、雑草以外の植物については、あまりくわしくない。

「雑草」と「植物」はそんなに違うのかと思われるかもしれないが、全然違う。

私たちの身の回りに生える「雑草」は、人間が作り出す特殊な環境に適応して進化をした特殊な植物である。そのため、雑草はどこにでも生えるというイメージがあるが、実際には人間が暮らすような場所にしか生えない。そのため、森の中には雑草と呼ばれる植物は生えないのだ。山の中に生えている草は、「山野草《さんやそう》」と呼ばれて、雑草とは区別される。

そのため、私は身の回りに生える雑草であれば、ほとんどの名前はわかるが、森の中に入るとまったくわからなくなる。まるで言葉の通じない外国に来てしまったかのようだ。

特に樹木の名前は、ほとんどわからない。

何しろ、いつも雑草を見ながら下を見ているので、上を向いて歩くことがない。そのため、木の種類はわからないのだ。

山に生えている植物は、雑草を研究している研究者の間では、俗に「山要素」と呼ばれる。どんなに学生が面白い植物を見つけたとしても、私くらいの雑草研究者だと、それが「山要素」だとすばやく感じて、「それは山要素だね」のひと言で片付けて、もはや調べようともしない。

良くも悪くも、それがベテランというものだ。

もっとも「良くも悪くも」というときには、大概、「悪くも」のほうが重要な意味を持つことが多そうだ。

Jポップとハルジオン

山を登りながら、森林が専門の先生方は学生たちにさまざまな知識を披露していく。この授業は森林関係の先生たちが担当だが、一年生は人数も多いので、危険がないように私のような他の分野の先生も駆り出される。

森林関係の先生が先頭に立って、私は列の最後をついていく。私は森の中のことはわからないから、できるだけ学生に質問されないように、あたかも先生ではないかのように、できるだけ目立たないようについていく。

しかし、列の先頭にいる森林関係の先生は、はるか向こうにいるから、気の利かない学生は私に質問してくる。

あまりに何も知らない私をかわいそうと思ってか、森林関係の先生が、説明のポイントだけはあらかじめ資料を渡してくれている。私はその資料を一生懸命読んで、いかにも「以前から知っています」という、したり顔で説明するのだ。

山を抜けて広場に出たところで休憩である。この上の展望台には駐車場があって、そこにはバスが待っているはずだ。

「このきれいな花は何ですか?」

一人の学生が聞いてきた。

見ると、ハルジオンがピンク色の花を咲かせている。

これは、雑草の仲間だから私でもわかる。

雑草は人の暮らす環境に生えている。そのため、山の中であってもキャンプ場や駐車場に近い場所など、人の暮らしが関わるような拓《ひら》けた場所には、雑草と呼ばれる植物が生えるのだ。

そこは森の中だが、草刈りなどの管理をされている広場には、雑草が生えていた。

良かった、ここなら私でも何とか、わかる。

「かわいいよね。それは、ハルジオンだね」

私は答えた。

「ハルジオンですか？」

私が答えを教えたのに、学生の反応はいまいちである。

不思議なことに、「これ何ですか？」と聞かれて、その名前を教えてあげても、あまり喜ばれない。

おそらく、そう質問してくる学生の多くは、本当はその名前を知りたいわけではない。きっと、「面白そう」と思って聞いているのだろう。だから、「面白いよね」と共感してあげることのほうが大切だと私は思っている。

だから、学生に「これ何ですか？」と聞かれたときは、「何だろうね。すごいの見つけたね」といえば、八割くらいは何とかなる。

しかし、このときすぐにハルジオンの名前を出したのには理由がある。

「乃木坂46の曲に『ハルジオンが咲く頃』という曲があるでしょ。そのハルジオンだよ」

?
ハルジオンで、
ヒメジョオンで。

乃木坂46は学生に人気のアイドルグループである。だから、この話をすれば、学生たちが興味を持つと思ったのだ。

「えっ、どれがハルジオンですか？」

思った通り、私の言葉に反応した学生たちが集まってきた。

ハルジオンはツボミが下を向くのが特徴だ。「ツボミのときはうつむいていても、いつかは上を向いて咲く」そんなようすが、まさにこれから花を咲かせる若い人たちには共感されるのだろう。そのためか、ハルジオンは、Jポップの歌詞によく使われている。

ちなみに、ハルジオンによく似た雑草にヒメジョオンがあるが、こちらのほうはあまり使われない。

ヒメジョオンはツボミが下を向かない。これは、ハルジオンと見分けるときのポイントの一つだ。

「メヒシバとオヒシバはどこが違うんですか？」

「先生って乃木坂とか知っているんですね」

学生が聞いてくる。「大学の先生なのにアイドルとか知っているんですか」と言いたげだ。

じつは、大学の先生の中にも熱烈な乃木坂のファンの方がいて、研究室にポスターを貼っているような人さえいるが、私はあまりアイドルにはくわしくない。乃木坂46の歌の中にハルジオンが登場するという話も、実際には、研究室の学生に教えてもらったネタだ。

「よく知らないけど、AKBみたいなものでしょ」

私が言うと、学生たちは一斉に口をとがらせてこちらを向いた。

「乃木坂とAKBは、ぜんぜん違いますよ！」

まさか、そんなことで、こんなに怒られるとは思ってもみなかった。

「どうして？　女の子のグループが歌って踊るんだから、似たようなものでしょ」

私は先生の威厳を守るために、説明力の高い反論をしてみた。

「ぜんぜん違いますよ。どこが同じなんですか！」

どうやら学生たちは内心、本気で怒っているようだ。

(やれやれ、これくらいにしておこう)

乃木坂46を知っていても嫌われるし、知らなくても嫌われる。まぁ、大学の先生なんて、そんなものだろう。

しかし、「乃木坂とAKBはぜんぜん違います」と言われても、どこが違うのか私にはまったくわからない。

(どう見ても似たようなものじゃないか！)

心の中でそうつぶやいたとき、ある人を思い出した。

大学時代にお世話になった榎木先生だ。

榎木先生は、私の研究室の隣で植物の分類をされている先生だった。

雑草の研究室に入ったものの、私は雑草の名前をまるで知らなかった。タンポポとスミレの名前を知っているくらいだっただろう。

もっともその後、タンポポとスミレにもたくさんの種類があるという事実を知ることになる。ということは、つまり、その当時は何も知らなかったのだ。

榎木先生は、ときどき植物を観察するためにキャンパス内を散歩する。先生がキャンパス内を歩いているのを見つけると、私と友人たちは、必ず先生の後をつけていった。

そして、いっしょに歩きながら、雑草の名前を教えてもらったのである。今の若い人たちにはわからないだろうが、この状態は「金魚のフンのように」と形容される。

水槽の金魚を見ていると、排出したフンが切れることなく、くっついている。金魚が優雅に泳ぐと、お尻から細長く伸びたフンも、ゆらゆらといっしょに動いていく。この金魚のフンが私たちだったのだ。

雑草の中に、オヒシバとメヒシバという雑草がある。どちらもイネ科の植物で、見た目が似ている。

私は「これは、オヒシバだ」と思う雑草を抜いて、榎木先生に持っていった。

すると榎木先生はあっさりと言った。「これはオヒシバじゃなくてメヒシバだね」

「えっ、オヒシバじゃないんですか？」

そして、私は榎木先生にすぐに質問した。

「メヒシバとオヒシバはどこが違うんですか？」

メヒシバとオヒシバは、よく似ている。どちらがどちらだか、まるでわからない……というのは私が学生時代の話である。

雑草学を学んできた今の私にとって、メヒシバとオヒシバはまったく別の植物である。

とにかく同じイネ科というだけで、その分類もまったく違う。

メヒシバとオヒシバは名前が似ているだけで、見た目は似ても似つかないと言っていい。

もし今、「メヒシバとオヒシバはどこが違うんですか？」と聞かれたら、私はこう答えるだろう。

「ぜんぜん違うよ！　メヒシバとオヒシバはどこが同じなの？」

おそらく当時の榎木先生にとっても、それは同じだったことだろう。

いや、榎木先生は、私など遠く及ばない植物分類の専門家である。

今の私が思う以上に、「くだらない質問をしてくる学生だ」と思ったに違いない。いや、思われても当然の質問だったのだ。

「メヒシバとオヒシバはどこが違うんですか？」という質問を大先生である榎木先生に聞くなんて、今思い出すと、顔から火が出るほど恥ずかしい。

しかし榎木先生は、「ぜんぜん違うよ、どこが同じなの？」とは言わなかった。

そして先生は、少し手前の道ばたから、一本の雑草を引き抜いてきた。

「ほらね、これがオヒシバ」

そう言われても、私にはまったく区別がつかない。

「この葉っぱの付け根を見てごらん」

先生は、私にオヒシバを渡しながらそう言った。

「ほら、二つに折ったみたいになっているでしょ。この折れ目があるのがオヒシバ」

「本当だ！　折ったみたいになっている！」

「そして、折れ目がないのがメヒシバ。これでわかるかな」

確かに私が取ってきた雑草には、折れ目がなかった。やっぱりメヒシバなのだ。

「本当だ！　オヒシバとメヒシバはぜんぜん違う！」

私は感動した。これなら、簡単に見分けることができる。


こうして私は、オヒシバとメヒシバの区別がつくようになった。

葉っぱの付け根を見れば良いのである。

金魚のフンが学んだ、大切なこと

やがて、慣れてくるとひと目みるだけでオヒシバとメヒシバの見分けがつくようになった。

というよりも、慣れてくればオヒシバとメヒシバは見た目がまったく違う。

それもそのはず、オヒシバとメヒシバは名前が似ているだけで、本当はまったく別の植物なのだ。

しかし、榎木先生は「ぜんぜん違うよ」とは言わなかった。そして、何もわからない私にもわかるような観察のポイントを一つだけ教えてくれたのである。

さらに、これは後からわかったことだが、オヒシバとメヒシバだけでなく、見分けにくいイネ科の植物の種類を同定するポイントの一つは、葉っぱの付け根を見ることだった。

榎木先生は私のつまらない質問から、ちゃんと本質的なポイントを教えてくれていたのだ。

しかも、難しいイネ科植物の分類の、重要なポイントを、じつにわかりやすく、じつに簡単に教えてくれていたのだ。

「俺はお前の先生じゃないんだから、先生とは呼ぶな。榎さんでいい」

私が「先生」と呼ぶと、榎木先生は、いつも、そう言って私を叱った。

榎木先生は授業も持っていなかったから、私は授業を受けたこともない。

いっしょにキャンパス内を散歩しているときも、私たちを呼んで何かを説明するということもなかった。ただ、先生はぶらぶらと散歩していて、私たちもまたぶらぶらとくっついていただけだ。そして、先生が何かを見つけると、私たちは駆け寄っていって、「何を見つけたんですか？」とのぞき込む。ただ、それだけだった。

それでも、私は榎木先生からたくさんの植物を教えてもらったし、大切なこともたくさん学んだ。

今、教員となった私に、学生たちはさまざまなことを質問してくる。

中には「大学生なのに、そんなことも知らないの？」と言いたくなる質問もある。

しかし、そんなつまらなそうな質問を受けたとき、私は瞬時にオヒシバとメヒシバもわからなかった昔の私を思い出す。そして、当時の私を思い描きながら、答えることができる。

すべては、榎木先生のおかげだ。

「むずかしいことをやさしく、
やさしいことをふかく、
ふかいことをおもしろく、
おもしろいことをまじめに、
まじめなことをゆかいに、
そしてゆかいなことはあくまでゆかいに」

思い出すのは、井上ひさしさんの言葉だ。
いやいや、それが一番むずかしいよ。

4 タイヌビエと漫才コンビ

田植えガール、参上

梅雨の晴れ間の田植え日和。

今日は田植えの実習である。

「あたたか〜い」

「ぬるぬるする〜」

田んぼに入るだけで、あちらこちらから、歓声が上がる。

「あっ。カエルだ！」

カエルがいれば大騒ぎだ。

苗を植えているのかと思えば、オタマジャクシを追いかけている学生がいる。

のんびりしたひとときだ。

「ワタシノ村デハ、モット速く植エマス」

イネ
（田植え）

留学生が、もう待ちくたびれたという感じで文句を言う。

それは、そうだろう。日本だって本当はもっと速い。

以前、研究所に勤めていたときには、「田植えガール」と呼ばれるベテランのおばあさんたちが田植えの手伝いに来てくれた。通常の田植機は、三～五本をまとめて植えていくが、イネの品種を育成するときには、品種の候補となる苗を一本一本ていねいに植えていく必要がある。そのため、田植機を使わずに手で植えていったのである。

田植えガールのおばあさんたちは、手さばきはあざやかで高速で次々に苗を植えていく。私も苗を植えるのは速いほうだと思っていたが、それでもついていくのは、大変だった。

しかも、田んぼの中ではとてもすばやく動いているおばあさんたちが、田んぼから出ると、よぼよぼと歩いて行く姿が印象的だった。田んぼの中のほうが速く歩けるのではないか、と思ったほどだ。

かつて田植えの機械がなかった昔は、ああやって女の人たちが苗を植えていったことだろう。

「田植え」を知らない農学部生たち

私が今の大学に赴任したのは、十年前の七月一日のことである。

もうすでに田植えは終わり、田んぼでは苗がすくすくと育っている季節だった。

「未来の田植えを想像して書きなさい」

私は学生たちにそんなレポート課題を出した。

まだ見ぬ未来のことだから、正解は誰にもわからない。つまり、何を書いても正解だ。ロボットが自動で田植えをしていてもいいし、ドラえもんのひみつ道具のような空想でもいい。田植えなんかしなくても米を作ることができるという空想でも良いだろう。

（学生たちは、どんな発想をしてくるのだろう）

楽しみに学生たちから提出されたレポートを読んで、驚いた。

そこには、「未来には機械で田植えをしている」という答えがいくつかあったのである。

現代では、田植機で田植えをするのが一般的である。

いや現代どころか、田植機が普及をしたのは一九七〇年代だから、五十年以上前から田植えは機械が行っているのである。

（いったい学生たちは何を学んでいるのだろう）

率直にそう思った。

聞けば、大学の農場の水田のほとんどは田植機を使っているが、学生たちの実習は、昔ながらの「手植え」をしているらしい。

もちろん先生たちは、田植えの機械があることを学生が知っている前提で、わざわざ「手植え」の実習をしている。

しかし、最近は、まわりに田んぼがない環境で育った学生がほとんどである。中には間近で田んぼを見たことがない学生もいる。

田植機を知らない学生がいたとしても、無理のない話なのだ。

(それにしても、どうしてそもそも手植えで実習をするのだろう?)

現在は日本中のほとんどの田んぼで、苗は機械で植えられている。

それなのに、「田植え体験」と言うと、ほとんどが手植えで苗を植える。

確かに、田植え体験には、子どもたちの自然体験というイベント的な性格がある。

しかし、ここは大学の農学部である。

(研究を行い、先端技術を開発する大学の学生たちが、田植機を知らないというのは、おかしいのではないだろうか……)

小学校の田植え体験は、土に触れ、自然に触れるために、手で植える体験のほうがふさわしいだろう。

一方、農業技術を専門的に学ぶような学校では、田植機の操縦方法を教えている。

それでは、大学の農学部はどうだろう？

農学部の学生の多くは農家になるわけではない。田植えをする体験も、これが一生に一度という学生も多い。

（大学の農学部の学生に、私は何を教えれば良いのだろう）

私にとってこれは、思ったより難問だった。

農業体験はなぜ精神論になってしまうのか？

翌年、田植え実習の担当となった私は、手で植える面積を半分に減らした。そして、イネの苗を観察したり、田植機の仕組みを説明したりすることに、時間を割くことにした。

すると、思いがけず、古参の先生方から苦言をいただいた。

「田植機が動いているのを見るだけでは田植えの実習にならない」というのである。

（いったい手で植える意味ってなんだろう……）

「半分しか植えさせないのは中途半端でいけない。田植えをやり終えたという達成感があったほうがいい」

という意見もあった。

（いやいや達成感はサークルかどこかで学んでくれよ……）

田植機を使わずに手で植えるということは、自動車や電車を使わずに歩いてみよう、というのと同じことである。確かにそのほうが達成感はあるけれど、それで良いのだろうか……。

実際に、農業体験はともすると「精神論」と結びつけられることが多いのも事実だ。

最近では、子ども向けの農業体験が全国各地で行われているが、ときどき主催者の方が「農業の大変さを学んでほしい」と言っているのを耳にする。

（いやいや、後継者が不足しているのに、そんなネガティブキャンペーンをやってどうするの……）

子どもたちの料理教室で、「料理作りの大変さを知ってほしい」とは誰も言わない。

企業に職場体験のインターンにやってきた学生に「サラリーマンのつらさを伝えたい」と思う会社はない。

どんな仕事にも大変なこともあれば、楽しいこともある。

農業にだって楽しいことはたくさんある。せっかく農業体験をするのであれば、農業の楽しさを感じてもらったほうがいい。

「農業は大変だから、お米や野菜は大切に食べてほしい」という人もいるが、「自動車を作るのは大変だから大事に乗ってほしい」とは言わない。商品に思いを込めているのは、農業だけではない。

そもそも、プロの農家は機械で作業をしているのに、子どもたちに手作業をさせて「農業が大変だ」というのは、やはり変だろう。

農学部の学生にとって、手で植えることにどのような意味があるのだろう。

時代は移り、最近は、自動車の自動運転が実用化しつつあるが、田植機も今では自動運転が可能になった。田んぼの位置情報を記録させれば、操作をしなくても自動で田植えをしていくのである。

大学によっては、田植え実習は、「自動運転する田植機に乗るだけ」というところもあるらしい。それが最新の状況である。

宇根豊さんの教え

留学生は「遅い遅い」と、ずっと文句を言っているが、私の担当する田植え実習はのんびりである。

オタマジャクシをいつまでも追いかけている学生がいる。いたわるように田んぼの泥を優しくならしている学生もいる。隣の子とペチャクチャおしゃべりしている子もいる。吹き抜けていく風をじっと感じている学生もいる。

「何だか、とても心地がいい……」

手で植える意味は何だろう？　私は何を教えるべきか？　そんなことを考えるのもバカバカしくなってきた。

「人間は、イネを育てることはできない」

思い出したのは、「農と自然の研究所」の宇根豊《うねゆたか》さんに教わった言葉だ。

「イネを育てるのは、太陽の光と土と水の力である。人間にできることは、その環境を整えてあげることとだけだ」

「何を教えればいいのか」なんて、私はなんておこがましいことを考えていたのだろう。

田んぼという空間にいると、学生たちは、たくさんのことを感じるだろう。そして、多くを学ぶだろう。それで良いのではないだろうか。

私がやるべきことは、この田んぼという空間に学生たちを連れてきてあげることなのだ。

学生たちを眺めていると、田んぼにいるということだけで、大きく成長していくようにさえ見える。

私は、ふっと気が楽になった。

田んぼの中は、スマホのない世界

農場実習ではレポートを課しているが、私は田植え実習のレポートを読むことを毎年、楽しみにしている。

今どきの学生たちはレポートを書く能力に優れている。

私の説明の要点をまとめ、見た目のレイアウトも美しいレポートを出してくる。

しかし、田植え実習のレポートには敵わないだろう。

何しろ、田んぼに落とすといけないので、スマホは取り上げて、畦道《あぜみち》に置いたカゴの中に集めてある。

田んぼの中は、スマホのない世界である。

わからないことを検索することもできなければ、私の説明をメモることもできない。ページ数を稼ぐためのレポート用の写真も撮ることはできない。

自分の五感と自分の頭だけで、レポートを書かなければならないのだ。

そのため、学生たちのレポートは人によってさまざまである。学生たちの個性にあふれているのだ。

田植えは苗がそろって植わるように、田植え綱というロープを張って、そのロープに添って植えていく。そのため、植えるのが遅い学生がいると、いつまでもロープを動かすことができない。植えるのが速い学生は、遅い学生の分を手伝っていたりする。

苗が足りなくなると、苗を多く持つ学生から手渡しリレーで分け合っていく。

実習が始まる前は、どこか面倒くさそうにしていたり、どこか突っ張っていたりするように見える学生たちが、田んぼを出る頃には、みんないい笑顔で上がってくる。

梅雨の晴れ間の青空、吹き抜けていく風……この感じ、なつかしいなぁ。

科学的根拠のない発言

私は農家出身ではない。いわゆる非農家である。

私が学生の頃も、農学部の学生は非農家出身が多かった。

非農家出身の農学部生である私たちにとって、「農家に知り合いがいる」「農家のことを知っている」ということは、一つのステイタスだった。

そのため、農家の手伝いに行くようなイベントがあったり、若手農家の方々と飲み会をしたりするようなことがあった。

知り合いになった農家の田んぼで、友人たちと田植えの体験をさせてもらったこともある。

思えば、当時の私も今の学生たちと同じだ。

泥の中を泳ぐ何かの生き物が気になったり、田んぼの中で転びそうになって大声を上げたりした。

私たちがキャアキャア言いながら田植えをしている横の道を、おばあさんが通りかかった。

私たちのようすをじっと見ているのがわかる。

おばあさんが若い頃は、おそらくは手で田植えをしていたことだろう。おばあさんたちにとって田植えはレクリエーションではない。この村のすべての田んぼを手で植えなければならないのだ。きっと大変な重労働だったことだろう。

おばあさんの目には、私たちの田植えはどのように映っていることだろう。

田植えを終えて道に上がると、おばあさんが私たちのほうへ近づいてきた。

何と言われるのだろう。そんな植え方じゃダメだ、と叱られるのだろうか。機械で植えれば早いのに、と皮肉を言われるのだろうか。

私たちは緊張した。

しかし、そうではなかった。

おばあさんは、私たちのところに近づいてくると、こう言ったのだ。

「みんなで力を合わせて植えたから、きっとおいしいお米がとれるね」

農学部で学ぶ私たちにとって、「みんなで力を合わせたから、お米がおいしくなる」という科学的根拠は何もない。機械で植えたってイネは育つ。むしろ、素人が下手な植え方をするよりも、機械で植えたほうがイネはそろって育つかもしれない。

しかし、おばあさんは「力を合わせたから、お米はおいしくなる」と言った。

昔の人たちは、きっとそんな価値観で力を合わせて田植えをしていたのだ。

日本の農業「近代化」の現実

規模の小さい農家にとって、田植機や収穫機械は高価である。

そのため、規模の小さい農家や、高齢で農作業が大変な農家は、規模の大きい農家に田んぼを貸して、稲作を代わりにやってもらう。

日本は海外に比べて農家の規模が小さいことが指摘されている。

そのため、小さい農家の農地を、大きい農家に集めることで規模の拡大を図ってきた。私が大学で学んだときには、日本の農家一戸の農地面積の平均は約一ヘクタールだった。今、私は学生たちに約二ヘクタールと教えているのである。

もちろん、これは平均である。稲作専業農家の場合は、一〇ヘクタールとか、大きいところでは一〇〇ヘクタールという農家も当たり前になってきた。

私が田植え体験で訪れた農家も、そんな地域の農地の担い手となる大規模な農家だった。この村の田んぼという田んぼは、すべてその農家の方が大型の田植機で苗を植えていた。

その農家の方は言った。

「昔は田植えの時期には、どこの田んぼにも田植えの機械が出ていて、にぎやかだったんだけどね。今では村の中で田んぼに出てるのは俺ひとりだから……」


これが日本の農業の「近代化」である。


農業は技術が進歩し、産業として著しい発展を遂げてきた。

しかし、もしかすると……何か大切なものを失ってきたのかもしれない。

田んぼというのは、本当に不思議な空間だ。

街の風景が変わっても、田んぼの風景は変わらない。

田んぼを見ていると私もまた、色々なことを感じ、色々なことを考える。

まさか……学生時代のことを思い出すなんて……。

私は苦笑した。


「田植機が動いているのを見るだけでは田植えの実習にならない」

私は古参の先生に言われた言葉を思い出した。

(農学部の学生にとって……)

私は青く広がる空を見上げた。

(いったい手で植える意味ってなんだろう……)

田んぼのスペシャリスト、タイヌビエ

学生時代に雑草を学ぶようになってからは、有機稲作を行う農家をよく訪れた。

除草剤を使う一般的な水田には、雑草は少ない。そのため、雑草のある田んぼを探していくと、有機稲作農家に行き着くことが多かったのだ。

田んぼの雑草の中で興味を持ったのが「タイヌビエ」である。

タイヌビエは「田んぼのスペシャリスト」と言うべき雑草の一つだ。

田んぼが広がる風景は、「自然がいっぱい」と表現されることも多いが、考えてみれば田んぼは「自然の風景」ではない。

土を盛って畦を作り、川から水を引き入れる。そして、イネという作物を植えて、そこに生えてくる植物は「雑草」として取り除く。田んぼは人工的に作られた人工的な場所なのだ。しかし、「田んぼが人工的な場所」と言っても、すぐには信じられないかもしれない。「人工的な場所であるはずなのに、まるで自然のように見える」というのが、田んぼの自然の優れたところである。

このような自然を「二次的自然」と呼ぶ。もともとの一次的自然に、人間の手が加えられた後に成立するのが二次的自然である。二次的自然である田んぼには、ドジョウやカエルが棲み、トンボが飛び交うのだ。

雑草にとって「田んぼ」は、ただの水辺ではない。じつに特殊な環境である。

春先に耕されたかと思ったら、水を入れて再び耕す。これが「代《しろ》かき」と呼ばれる作業だ。田植えをしてしばらくすると、水を抜いて「中干し」という作業をする。その後、水を入れるが、稲刈りの時期には作業しやすいように再び水を抜く。

このように水を入れたり、水を抜いたり、が繰り返される。

タイヌビエ

田んぼで生き抜くためには、この水環境の変化に対応しなければならないのだ。

それだけではない。

田んぼでは「田の草取り」と呼ばれる除草作業が、繰り返し行われる。

何度も何度も田んぼに入って、草取りが行われていくのだ。これは農家の方にとっては、相当の重労働である。

しかし視点を変えて、雑草の立場になってみたらどうだろう。

何とか草取りを逃れたと思ったら、また草取りがやってくる。これは、雑草にとっては相当に過酷な環境である。

小さな雑草であれば草取りを逃れられるかもしれない。しかし、大きな雑草が田んぼに身を隠すことは簡単ではない。

いったい、どうすれば田んぼで身を隠すことができるだろう？

「木を隠すなら森の中」という言葉がある。

「物を隠すときには、似ているものの中に紛らわせれば良い」という意味だ。

田んぼの雑草であるタイヌビエは、イネと見た目がそっくりである。タイヌビエは、「イネそっくりになって身を隠す」という戦略を発達させた。

こうして、イネそっくりな姿で田んぼの中にいれば、草取りから逃れることができるというわけなのだ。

昆虫のナナフシが枝によく似た姿で身を隠したり、針を持たないアブがハチそっくりの姿で身を守る戦略は「擬態」と呼ばれている。

タイヌビエはイネそっくりに擬態している「擬態雑草」なのである。

タイヌビエは「田んぼ」という特殊な環境で進化を遂げた雑草である。

そのため、田んぼ以外では生育することができない。それほどまでに、田んぼに特化した進化を遂げているのである。

タイヌビエの生き残り戦略

それにしても、どのようにしてイネそっくりな雑草が誕生したのだろう。

人間が田の草取りをすると、わずかでもイネに似た雑草の株は見落とされて生き残る可能性がある。

イネに似た雑草の子孫の中から、さらにイネに似た雑草が出現すると、その株はますます見逃されるようになる。こうして人間が草取りを行い、イネに似た雑草は抜かれない、ということが繰り返されることによって、だんだんとイネそっくりな雑草へと進化をしていくのだ。

キリンはもともと首の短い動物だったと考えられているが、その中でも他よりわずかに首の長い個体は、高いところの葉っぱを食べることができて、有利となり生き残る。その個体の子孫の中でも首の長い子孫が有利となり、生き残る。この繰り返しによって首の長いキリンへ進化したと考えられている。

タイヌビエも同じである。

もっとも、タイヌビエの場合は、自然と生き残ったり、淘汰されたりしたわけではない。人間がイネに似ていない雑草は取り除き、イネに似ている雑草は取り残す。これが繰り返されたことによって進化を遂げていったのだ。

私たちが食べるお米は、たくさんの株の中から収量の多いものや、食味の良いものが選抜されて、品種が育成されていく。

タイヌビエは、人間がイネに似ていない株を抜き捨てることによって、イネに似ている株が選抜されていく。

タイヌビエもまた、人間が作り出した植物なのだ。

植物図鑑の限界

図鑑には、タイヌビエによく似た雑草として、イヌビエが紹介されている。

タイヌビエは田んぼに特化する形で進化をした雑草である。

ただし、タイヌビエに似たイヌビエも田んぼに生える。

図鑑によれば、イヌビエとタイヌビエは、タイヌビエのほうが小穂《しょうすい》という穂の粒が大きいことや、中肋《ちゅうろく》という葉脈が目立つことで見分けられると書かれている。

しかし、それは学生時代の私たちにとっては、難しかった。

特にイヌビエは、「変異が大きい」と言われていて、同じイヌビエでもさまざまな形態のものがある。

いつも、これはイヌビエだろうか、それともタイヌビエだろうかと、喧々囂々《けんけんごうごう》言い合っていたが、学生で言い合っているだけでは、結論は出なかった。

しかし、あるとき田んぼの中に一本の雑草を見つけた。

その姿は、イネそっくりなのである。

(タイヌビエだ!)

私はすぐにわかった。

イヌビエとタイヌビエは、似ても似つかないのである。

植物の中には見分け方が難しいとされるものがあるが、じつは、似ても似つかないものも多

……
これはどっちて？
イヌビエ？、タイヌビエ？

い。そして、見分けがつかないと悩んでいるものは、じつはすべて同じ種類で、別の種類はそこには生えていないということも多い。

私にとってのタイヌビエがそうだった。

じつは、これまで見てきたものはすべてイヌビエだった。そしてイヌビエを見ながら、どれがタイヌビエなのだろうと悩んでいたのである。

実際のタイヌビエはイヌビエとは別物だった。

それなのに、どうして図鑑では、粒の大きさや中肋のような細かいところで見分けさせようとするのだろう。

これが図鑑の限界である。

たとえば、アイドル二人組みのユニットがあったとしよう。私の学生時代でいえば、それはＷｉｎｋだった。

あるいは人気の漫才コンビがいたとしよう。私の学生時代でいえば、とんねるずやダウンタウンだろうか。

たとえば、ダウンタウンは、ボケの松本人志さんと、ツッコミの浜田雅功さんの二人組みだ。

それでは、松本人志さんと浜田雅功さんは、見た目でどのように見分ければいいだろうか。

この二人は、見た目はまるで違う。見間違えることはないだろう。しかし、どこが違うのか、と言われれば説明は難しい。

松本さんのほうが背が高い。しかし、二人で並んでいればわかるが、一人だけの写真だと名前を定めることができない。

松本さんはネクタイをしているという見分け方もあるが、服を着替えれば、もう見分けがつかない。

すると、腕にほくろがあるとか、つむじの向きが違うとか、細かいところで識別するしかないだろう。

植物の分類も同じである。

知っている人にとっては、見た目がまるで違う植物も、いざ見分け方を説明しようとすると、細かいところで説明するしかない。だから、植物図鑑は知らない人にとっては、わかりにくいのだ。

❦

田んぼにはタイヌビエが生えている。

そう図鑑に書かれている。

しかし、私たちがタイヌビエなのかイヌビエなのか見分けようとしていたものは、ほとんどがイヌビエだった。

除草剤や機械による除草が一般的になった今日では、田んぼの中で草取りをすることはない。イネにそっくりなことに何のメリットもなくなったのだ。

そのため、タイヌビエは人知れず、田んぼから姿を消していたのである。


ところで、私が田植えの実習を担当しているのには理由がある。

大学の農場では、イネを教えられる先生を募集していた。それに応募して、私は大学の教員となったのだ。

しかし、大学に入ってから私はイネの研究者ではなく、雑草の研究者として振る舞っている。

「イネかと思ったら、じつは雑草だった……」

私はまさに、タイヌビエの戦略で大学に職を得たのである。

5 忍者屋敷とコオニビシ

外来生物ジャンボタニシ

私が今の大学に赴任したときには、「ジャンボタニシの捕獲」という実習があった。

ジャンボタニシはイネの苗を食べてしまう有害生物である。それを捕獲するというものである。

ただし、一般の農家にはそんな作業はない。

これは人数の多い大学だからこそ、可能な作業である。

つまりは、学生実習という人の数に物を言わせた人海戦術である。

(こんなの実習というよりは、ただの労働だよ……)

ジャンボタニシは、南米原産の外来生物である。

正式名称はスクミリンゴガイという。じつはタニシの仲間ではないのだ。ただ、日本のタニシに似ていて、とにかくでかいことからジャンボタニシと呼ばれている。

イネの苗を食べてしまう有害生物であるが、一部の農家の人たちからは、「稲守貝」と呼ばれて親しまれている。雑草の苗も片っ端から食べるので、除草剤を用いなくても、有機稲作ができるからだ。

実際に私の大学の農場も、水田雑草は少ないが、これはおそらく、ジャンボタニシのおかげだ。

ただし、水が深いとジャンボタニシは水の深いところに移動してイネの苗を食べてしまう。水が浅いとジャンボタニシは泥の上を這い回って、小さな雑草の芽生えだけを食べ尽くす。

水を浅い状態で保てるかどうかが、ジャンボタニシの利用のポイントである。

有機稲作を行うために、かつてはジャンボタニシを田んぼに導入することさえあった。

確かに、水管理さえできれば、ジャンボタニシは効果的である。しかし、すべての田んぼで緻密な水管理ができるわけではない。そのためやがてジャンボタニシは、周辺の田んぼに広がって、大問題を引き起こすようになったのだ。

全国的にも貴重種のマルタニシ

しかし、私が観察すると、大学農場の田んぼには、ジャンボタニシの他にもマルタニシがいた。

マルタニシは昔から日本にいる在来のタニシである。

ジャンボタニシは、正式名称をスクミリンゴガイというように、「すくんで」つぶれたリンゴのような形をしているのが特徴だ。

ジャンボタニシが横長の殻を持っているのに対して、マルタニシは縦に長い。

マルタニシは、全国的に数を減らしている貴重種である。

私は、「マルタニシは区別して、捕獲しないようにすべきだ」と主張した。

そもそも、田んぼの中のジャンボタニシは星の数ほどいる。わずか数十人でバケツいっぱいのジャンボタニシを捕獲したところで、ジャンボタニシの数が減るわけではない。まさに「焼け石に水」である。

しかもジャンボタニシは、卵で増えていく。

一方、マルタニシは卵を産まない。卵をお腹の中で孵化させてから出産する卵胎生《らんたいせい》というスタイルだ。

田んぼの畦には、ピンク色のよく目立つジャンボタニシの卵が産み付けられている。

ジャンボタニシの卵は水中では窒息してしまうので、水辺に産卵されるのだ。

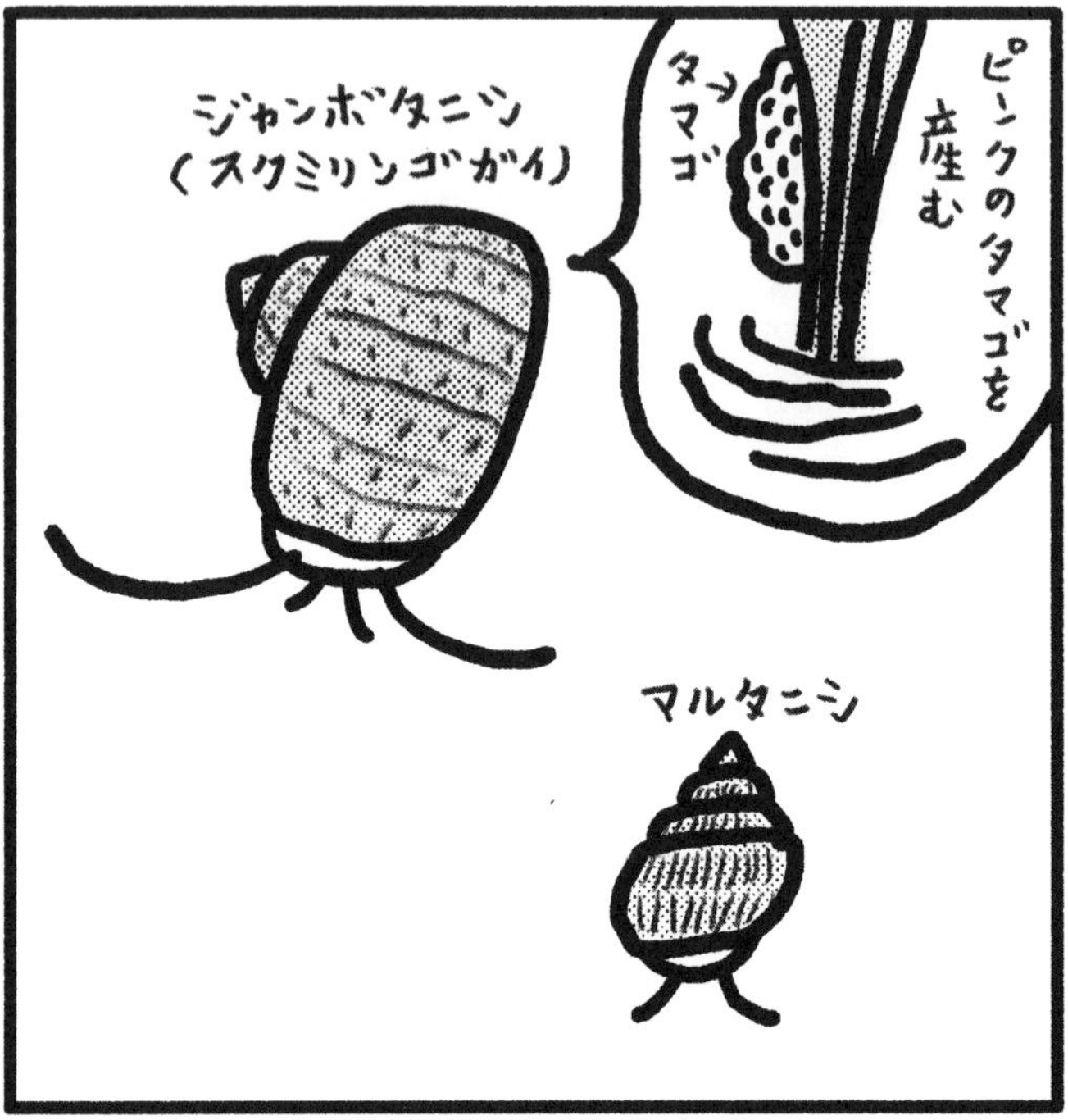
ジャンボタニシ
（スクミリンゴガイ）
ピンクのタマゴを産む
タマゴ
マルタニシ

その卵を水の中に落とすだけで、卵は駆除できる。

そのため、私は「ジャンボタニシを捕獲するよりも、卵を駆除したほうが良い」と主張した。

そんなことを言っているうちに、面倒くさくなったのか、「ジャンボタニシの捕獲」実習はなくなった。

大学の先生というのは、色々と理由を並べたり、理屈をこねたりしながら、頓挫させるのが得意である。

大学に赴任して数ヵ月。どうやら私も大学の先生の仲間入りができたようだ。

アメンボとミズグモ

どの口が言うのかと批判もされるだろうが、ジャンボタニシを捕獲する実習は、田んぼの生き物を観察するという点では意味があった。

学生たちはジャンボタニシを探しながら、さまざまな生き物を見つけてくる。

こうして、田んぼの中に入って、じっくりと生き物を観察する機会はなかなかない。

そのため、ジャンボタニシの捕獲はやめてしまっても、私はその時間を田んぼの生き物観察の実習として続けていた。

「アメンボがいます！」

学生たちが最初に見つけるのが、アメンボだ。

アメンボは翅《はね》があって飛ぶことができるので、田んぼに水を張ると最初にやってくる。

アメンボは、スイスイと水の上を滑るように移動していく。

「捕まえました！」

「えっ！　素手で捕まえたの？」

捕まえたのは福地くんだ。

アメンボはすばしこいから、捕まえるのは、相当に難しい。福地くんは、よほど運動神経がいいのだろう。

「匂いを嗅いでごらん」

私は言った。

「何か、匂いがします」

その通り、アメンボはじつはカメムシの仲間である。カメムシを捕まえるとニオイを発するのと同じように、匂いを出す。

「飴のような匂いがするから、『飴ん坊』と言うんだよ」

「飴の匂い？」

学生たちは、キョトンとしている。

それは、そうだろう。私たちが食べるキャンディは、さまざまな香料も使われているから、「飴の匂い」と言われてもピンと来ない。

もっとも、私も飴の匂いをちゃんと知っているわけではない。飴細工で飴に熱を加えると甘い香りがする。私はあれは「飴の匂い」だと思っている。


「マ○○○○ドのポテトの匂いにも似てるよね」

私が言うと、「本当に？」と学生が集まってきた。

福地くんのアメンボは大人気だ。


アメンボは別名を「水ぐも」と言う。

足を伸ばした姿がクモに似ているからだろう。

もっとも、ミズグモという名前のクモもいる。

ミズグモは、水の中に暮らすクモである。ゲンゴロウやミズカマキリのように、水の中に暮らす昆虫は少なくないが、水の中に暮らすクモは、このミズグモだけである。

しかも、この水中生活が変わっている。

ミズグモは水草の間に糸を張って空気の部屋を作って、その中に潜んでいる。

ミズグモは、田んぼで見られるクモである。

空気の泡の中にいるので、空気の層がまわりの景色を反射して、中にいるクモはまったく見えない。こうして姿を隠しているのだ。

まるで忍者の水とんの術だ。

ミズグモは、忍者のようなクモなのである。


「水ぐも」と言えば、忍者の使う道具にも、そんな名前のものがあった。

折りたたみ式の木製の浮き輪のようなもので、忍者は両足にそれを履いて、水面を歩いたと伝えられている。

じつは、コモリグモやハシリグモなど、田んぼに棲むクモたちは、水面を走り回る。

アメンボに夢中の学生たちは、気にもとめないが、私たちが田んぼに入ると、クモたちがすばやく水面を走って逃げていく。

子どもの頃に、「水の上を歩く方法」というのが、まことしやかに伝えられていて、「まず右足を水面に置き、右足が水に沈む前に、左足を水面に置く。そして左足が沈む前に右足を出して、これを繰り返せば、水面を歩ける」というものだった。友人たちとプールで試してみたが、もちろん、水面を歩けるはずはない。

クモの仲間が、水の上を走ることができるのは、脚の先が強く水をはじくようになっているからである。

もっとも、忍者の水ぐもも、両足に履くとバランスが悪くて立つことも難しかったらしい。しかも、水の上だから右足を前に出そうとすると、左足が下がってしまうし、左足を前に出そうとすると右足が下がってしまうから、前に進むことはできないのだ。

そのため、実際には、忍者は水ぐもにまたがって、浮き輪のように使ったのではないかと考えられている。

忍者屋敷は実在した！

子どもの頃は誰でもそんな時期があるだろう。幼い日の私は、忍者が好きだった。

祖父母に忍者の本を買ってもらうと、その本を大切に読んでいた。

祖父母に観光施設の忍者屋敷に連れて行ってもらったときに、並んでいる展示品を見て「これは、雨たいまつ」「これは、苦無《くない》」とすべて言い当てて、祖父母を驚かせた。

もっとも、こんなことはどんな子どもでもできる。

子どもの頃は誰でも天才である。

新幹線の種類を全部言えたり、ゲームキャラクターを次々覚えたり、サッカー選手の名前をみんな知っているなどというのは、当たり前のことだ。

それなのに、大人になると、誰も子どものときのようにはほめてくれないし、そもそも、知らず知らず覚えてしまうという記憶力もなくなってしまう。

大人になるということは、つまらないことでもある。

私も忍者好きだったことさえ忘れてしまって、大人になった。

ところが、である。

大学生のときに訪ねた農家が、思いがけず、本物の「忍者屋敷」だったことがある。

私は畳表の原料となるイグサという植物を研究していたので、昔の古い畳を見せてもらいに行った。

すると、見た目はふつうの古い農家なのに、中には隠し扉や、落とし穴があったのだ。もちろん、廊下の落とし穴は、その上に床が張ってあったから見ることはできず、そこだけ、板が真新しいことだけが、落とし穴があったことを示していた。

忍者は、映画やマンガの中だけの存在ではない。実在した存在なのだ。

忍者が空想の存在ではなく、歴史上、暗躍した存在であることは知ってはいたが、「実在したんだ」という実感が湧いてきた。

もちろん忍者は、幻術で姿を消したり、アクロバティックに屋根を飛び越えたりするような超人的な存在ではない。忍者と呼ばれた人々の主な任務は情報収集などの諜報活動だった。

そもそも、「忍者」と呼ばれる人たちは、現代の職種のように資格を持っていたわけではない。ふだんは農民として暮らしながら、有事のときなどに忍者として活躍した人たちもいたことだろう。また、隠し扉や落とし穴は忍者の専売特許でもないので、農家であっても自衛する必要に迫られることもあったろう。

私が訪れた農家が、どのような家系だったのかは、住んでいる人もわからないようだった。ただ、「忍者の末裔らしい」と笑っていただけである。

植物の利用法を忍者は知り尽くしていた

そういえば、その昔、忍者は「草」と呼ばれていたらしい。

草のように名もなく、草のようにありふれた存在として、庶民の生活に溶け込み、そして、情報を収集したのだ。

もちろん、名のない草にも名前はあり、ありふれた草も、じつはすごい能力を持っている。

私の恩師の岡先生は、「雑草利用学」の提唱者であり、雑草の利用を研究していた。

雑草は人間の暮らす特殊な環境に適応して、特殊な進化を遂げた植物である。

そんな特殊な植物であれば、利用価値もあるのではないか、というのである。

たとえば、雑草は荒れた大地にも育つことができる。この能力は砂漠の緑地化に利用できるかもしれない。

あるいは、雑草は土の中の肥料を吸い取ってしまう。

そうであれば、富栄養化《ふえいよう》した水や土を浄化させる能力があるかもしれない。

それが私の恩師の研究テーマだった。


「草」と呼ばれた忍者もまた、植物の利用法を知り尽くした人々であった。

山中に潜み、ゲリラ戦を戦う忍者にとっては、植物の知識は生き抜くために重要なものであった。忍者は山野草を食糧とし、薬草で傷を癒やした。そして、ときには毒草を用いて、敵を殺《あや》めたのである。

忍者というと、伊賀忍者と甲賀忍者が有名であるが、伊賀忍者には古い伝説がある。

紀元前に秦の始皇帝の命を受けて、徐福《じょふく》が日本に不老不死の仙薬を求めてやってきた。この徐福とともに日本に渡った家来の一人が、薬草を求めて伊賀を訪れ、そのまま伊賀に住みつき、中国の先進技術を伝えたのが、伊賀忍術の始まりであるとされているのである。

伊賀忍者と並んで有名な甲賀忍者は、伊賀の里から山一つ隔てた近江国《おうみのくに》甲賀の発祥である。伊賀忍者が忍術に長けていたのに対して、甲賀忍者は薬草の知識に長けていたと伝えられている。自然豊かな甲賀では、昔から薬草の種類が豊富だった。そして、甲賀忍者は薬草の知識を戦いに活用していたのである。

こうして作った薬を薬売りとして諸国へ売り歩き、各地の情報を偵察した。まさに甲賀忍者は植物の知識を最大限に利用していたのである。

実際に現在でも甲賀地方には、製薬会社の工場が多いらしい。

忍者は本当にヒシの実を使ったのか

薬草以外で忍者が使う雑草として有名なのが、「まきびし」だろう。

まきびしは、忍者が追っ手から逃げるときに、利用する武器である。

まきびしは四方にトゲがあり、必ず一本のトゲが上を向くようになっている。このトゲを踏みつけた追っ手に怪我を負わせて、逃げ切るのである。まきびしは、鉄や木を材料にして作ら

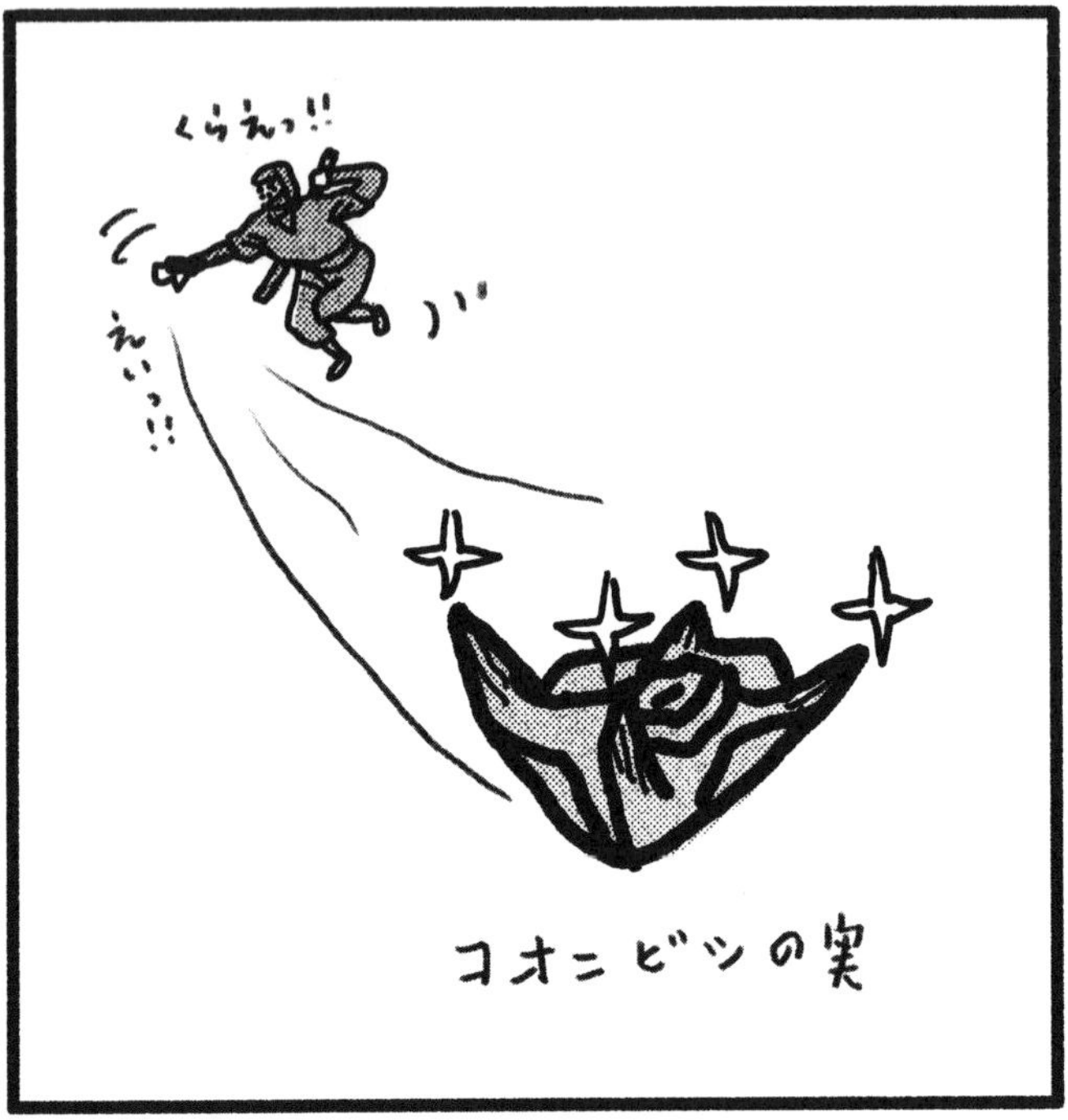
くらえっ!!
えいっ!!
コオニビシの実

れ、鉄で作ったものを鉄びし、木で作ったものを木びしという。

このまきびしは、もともとはヒシという植物の実が利用された。そのため、「まきびし（撒き菱）」と言われたのである。

ヒシの実は、食用にもなるので、忍者にとっては携帯食にもなった。食糧にもなり、武器にもなるヒシの実は、優れものだったのである。


ただし、学生時代は、この話が本当に謎であった。

私の研究室は水生雑草の研究をテーマの一つにしていたので、研究室の活動で、よくため池の雑草を見に行った。

水草で葉が水面に浮いているヒシの実を見ると、実の両側に二本の鋭いトゲがある。しかし、二本しかトゲがないと、トゲが上を向かない。

四方向に向いたトゲがあれば、どのように転がっても、一本のトゲが上を向く。しかし、二本しかトゲがないと、実が地面に倒れてしまうのだ。実が伏せてしまうと、トゲは上を向かず水平方向に寝てしまうから、踏んでも痛くはない。これでは、追っ手を食い止める役目を果たさない。

本当に忍者たちは、ヒシの実を使っていたのだろうか。

私は学生時代、ずっと疑問だった。

ところがあるとき、思いがけず、この謎は解けた。

調査のときに見つけたのは、コオニビシというヒシだった。このコオニビシの実は、四方向に四本のトゲが出ている。このヒシの実であれば、まきびしとして利用できるのである。

やっぱり、忍者は植物を使っていたのだ。


当時、大学のまわりのため池では、ヒシが繁茂することが問題になっていた。

ヒシが水面を覆ってしまうと、水中に光が届かなくなってしまう。すると水草は光合成ができなくなって、水の中の酸素が少なくなってしまう。すると、魚にとっても棲みにくい環境となってしまうのだ。

研究室の調査によると、ヒシは池の底から水面まで茎を伸ばすが、一メートルくらいの深さが限界らしい。

つまり、ヒシが生えているということは、そこは足がつくくらいの深さということになる。

測らなくても水の深さがわかるなんて、まるで忍者の知識だ。

ちなみにヒシが広がっている理由は、昔のようにため池の管理をしなくなって、泥が堆積して水深が浅くなっているのが原因らしい。

ヨモギから作った驚くべきもの

学生の頃、忍者がすごいと思ったのは、ヨモギの利用法である。

ヨモギは草もちの原料に使われたり、お灸として用いられたりもする。ヨモギは畑では困り者の雑草ではあるが、「和のハーブ」と言われるほど、利用価値の高い雑草だ。

それでは、忍者はどのようにヨモギを使っていたのだろうか。

驚くことに、忍者はヨモギから火薬を作っていたという。

火薬の原料は、硝石、硫黄、炭である。しかし、硝石は日本では産出しない。そのため、火薬は高価なものだったのである。

そこで、忍者が用いていたのが、植物のヨモギである。

硝石は硝酸カリウムの結晶である。そこで、忍者の製法では、ヨモギに尿を掛けて土中に伏せこんだ。こうして微生物発酵させて、尿の中のアンモニアと、ヨモギに多く含まれるカリウムを反応させて、硝酸カリウムを作ったのである。

日本に火薬の製法が伝えられたのは、戦国時代である。しかし、忍者はそれ以前から火薬を調合して武器を作っていたという。いったい、どのようにしてこの製法にたどりついたのだろう。

ヨモギ
くらえ!
えいっ!

植物を知り尽くし、植物を利用するという点では、私などは遠く及ばない。

忍者は、偉大な植物学者だったのである。

❦

いやいや、ついつい考えごとをしてしまった。

それにしても、アメンボを見ただけで、短い時間にこんなに昔のことがフラッシュバックするなんて……今日の私はどうかしている。気がつけば、もう実習時間も終わりに近づいている。

福地くんは、またアメンボを捕まえたようだ。他の友だちに、アメンボの匂いを嗅がせている。

それにしても素手でアメンボを捕まえるなんで、本当にすご技だ。

福地くんは、市内出身の自宅生である。

これはあまり知られていないことだが、福地一族の祖先は、城下町の警備のために徳川家康に呼び寄せられた伊賀忍者だったらしい。

もしかすると福地くんは、忍者の末裔なのでは……。

まさか実習を終わらせようとして、アメンボの匂いで私に変な幻術、掛けてないよね。

（まさかね）
私は自分の妄想に苦笑した。

6
誰もいない森とジャングル芋掘り

一番おいしい農作物は誰の手に？

「この大学の農場実習は、自慢したい伝統が二つあります」

農場実習の授業の最初に私は、こう説明する。

その一つは、「一番、おいしい農作物を学生に与える」という考え方だ。

私が大学に赴任したときに、これには驚いた。

大学や研究所の農場では、教育や研究をする傍らで、大量の農作物が生産される。そして、その農作物の販売は、農場の貴重な収入源となるのだ。

中には販売できないような規格外の農作物もあるから、ふつうは、そういう売れないようなものを学生に持っていかせる。

ところが、私の大学では、学生が収穫した果物や野菜は、まず学生たちに好きなだけ持って帰らせる。そして、残りを販売するのである。

「最高においしい農作物を食べることも、学生にとっては大切な勉強」というのがその理由らしい。なんて、すてきな考え方なのだろう。

とはいえ、そんなことをしていては、農場の収入は減ってしまう。お金よりも、学生を大切にするというのは、すごい伝統だ。

「というわけで、皆さんは、野菜や果物を持って帰れますので、楽しみにしていてください」

「おーっ」と教室がどよめく。パチパチパチと小さく拍手も聞こえる。

私は説明を続ける。

「そして、もう一つの伝統が、レポートをしっかり書かせるということです」

「えーっ」

今度は教室中から、落胆の声が上がった。

学生ばかりか教員も泣かせるレポート

私が学生のときの農場実習は、参加さえすれば単位はもらえるものだった。

大学の農場にとって学生は貴重な労働力だから、夏休みなどの長期休暇には、農場の仕事を手伝うことと引き換えに単位が出るような集中講義もあった。

ところが、私の赴任した大学は伝統的にレポートをしっかりと書かせる。

最初にそれを聞いたとき、「そこまで、しっかりやらせなくても……」と思った。実験などと違って、目的や手順があるわけではない。農場実習で行うことは、主に農作業であり、農業の経験のない学生にとっては「農業体験」に近いものだ。

ただ、今ではこの伝統は「すごい」と思う。

確かに、一年間これをやり続けると、学生たちのレポートをまとめる能力は、目に見えてメキメキ向上する。学生たちの成長を目のあたりにすると、「しっかりとレポートを書かせる伝統」を認めざるを得ない。

しかも、目的や結果が明確な実験レポートのように書くべきことが決まっているわけではないから、農場実習のレポートは実験レポートに比べると書きにくい。

農場実習のレポートは、自分の五感で感じたことや、自分の体で体験したこと、自分の頭で考えたことを、書いてまとめるという作業である。

これは上級生になって卒業研究に取り組むときに相当に役に立つ。そして、おそらく社会に出たときも相当に役に立つことだろう。

しかし、私がこの伝統を「すごい」と思ったのは、それだけではない。

学生にレポートを書かせるためには、教える側も、それだけ充実した実習を準備しなければならない。私は年度途中に赴任したこともあり、最初の年は、農場実習は担当せずに、実習を見学するだけだったが、高いレベルの実習を準備している先生方は、相当すごいと感じた。「すごい」と思った理由は他にもある。

正直に言えば、レポートは書くほうも大変だが、読んで採点するほうも、かなりしんどい。中には一〇ページにもなるような労作も提出される。ボリュームのあるレポートは仕上げる学生も大変だが、読むほうも負担である。

たまに、しっかり書かれていない短めのレポートを見つけると、まるで砂漠の中にオアシスを発見したような救われた気持ちになる。読むのが楽だからだ。

しっかり書かれていないレポートには、本当に助けられるが、もちろん、点数は低くつける。

このように、学生がレポートを書き、教員全員がレポートを採点するという作業を毎週、行う。しかも、農場実習は一週間に数回あるから、なかなか時間の取られる作業である。

草取りすればするほど雑草は増える

私が学生のときの農場実習は、ともすれば余った時間は草取りをさせられた。

もちろん、おそらく色々なことを教わったのだろうが、今となっては草取りをさせられたという記憶しかない。

「雑草というのは、とにかく取ればいい」という考え方が根強い。

「草取りをする人間が働き者で、草取りを楽しようとする者は、怠け者だ」という考え方が、日本では古くからある。

このことは、日本において雑草管理の技術開発が遅れている一因にもなっていると私は思う。

「雑草学」という学問のもっとも重要な目的は、雑草という植物の特徴を明らかにし、その防除法や管理法を開発することにある。

雑草学を学んでいた私は、とにかく楽をして防除する方法を考えていた。

雑草学を学んでわかったことは、雑草は草取りをすればするほど増えるということだ。

たとえば、土の中には無数の雑草の種子が出番を待っている。土の中にあるたくさんの種子は「シードバンク」と呼ばれている。これは「種子の銀行」という意味である。

草取りをすると、土がひっくり返って土の中に光が入る。地面に光が差し込むということは、まわりにライバルとなる植物がないというサインになる。そのため、土の中にあった雑草の種子は、今がチャンスとばかりに次々に芽を出してくる。

そのため、草取りをすると、間もなく雑草が芽生えてくるのである。

よく草取りをするような場所では、たくさんの種子を生産して、土の中にシードバンクを形成するような雑草が増えてくる。

そのため、草取りをすればするほど、雑草は増えてしまうのである。

それでは「草取り」ではなく「草刈り」をしたらどうだろう。

残念ながら、草刈りも同じである。草刈りをすればするほど、今度は草刈りに強い雑草が増えてくる。

草刈りに強い雑草は、刈っても刈っても伸びてくる雑草だ。そのため、草刈りをすればするほど、草の伸びは早くなる。

このように、草取りをすればするほど、雑草は旺盛に生育をする。

これが雑草学で学んだ現実である。

だからと言って、草ボーボーでは困るから、草取りや草刈りをやらないわけにはいかない。やってもムダだと思いながらも、やらないわけにはいかない……草取りとはこのように虚しい作業なのだ。

この作業が好きになれるはずがない。

もっとも、草取りにまったく意味がないわけではない。

草取りにもいいことはある。

草取りをしていると無心になれる。頭を休めるのには最高の作業だ。

あるいは、色々と思いつくままに考えごとをしていると、良いアイデアが浮かんでくることもある。

その意味では、草取りはじつに創造性に富んだ作業ではある。

だから、私は考えごとをしたいときなど、好きなときに好きなように草取りをする。

「しなければならない」と強制される草取りは、昔からあまり好きではないのだ。

研究室メンバーの悪だくみ

私の学生時代、農学部の敷地は、研究室ごとに雑草を管理するエリアが決められていて、それぞれの研究室がメンバー総出で草取りをするルールになっていた。

しかし、私の研究室は簡単だった。

私の研究室は雑草を研究する研究室である。

「雑草調査中」という立て札さえ立てておけば、それ以上、草取りをしなくても良いのである。

もちろん、調査をしているわけではない。草取りがイヤだから、「調査中」ということにしておいただけだ。

ところが、夏休みになると、草ボーボーの敷地の中で子どもたちが虫取りをしている。農学部の敷地は誰でも出入り自由で、近所の人がイヌの散歩に来たりしていた。もちろん、子どもたちも出入り自由だったのである。

そのようすを見ていた研究室のメンバーがある「悪だくみ」を思いついた。


研究室に割り当てられた敷地の中には、畑もあった。

その畑は栽培実験などに使うこともできるが、私たちはその畑を使っていなかった。

研究では、野外に生えている雑草を調査に行くことが多かったし、細かい調査をするときには、ポットなどで雑草を栽培していた。そのため畑は、あまり利用していなかったのである。

しかし、畑で草を生やしっぱなしにしておくのは、まずい。

「雑草調査中」と看板を立てたとしても、畑なのでまったく管理しないわけにはいかない。いつでも畑に戻せる状態にしておかなければならないのだ。

そこで、私たちが企てた取組みが「ジャングル芋掘り」である。


まずは、きれいに除草した畑に、私たちはサツマイモを植えることにした。

サツマイモ

サツマイモは地面の上に葉を広げて伸びるので、雑草を抑える効果がある。もっとも、サツマイモだけで完全に雑草を抑えることはできない。そのため、ビニールマルチ（畝を覆う農業資材）などをして、雑草を防ぐのが一般的である。しかし、ビニールマルチを張ったり、収穫するときにビニールマルチをはがしたりするのは、簡単な作業ではない。

私たちはビニールマルチはしなかった。私たちの方法がうまくいくとすれば、少しくらい雑草が生えても、平気なのだ。

やがて、夏が過ぎ、秋になってサツマイモの収穫時期になった。

さすがにほったらかしだったので、久しぶりに見る畑は雑草まみれである。どこにサツマイモがあるのかわからないくらいだ。

ジャングル芋掘りは「生物的防除法」だ！

ある十月の日曜日。

どこから呼んできたのか、子どもたちが集まった。

子どもたちと関わる学生サークルの協力で集めたらしい。

男の子も女の子も、雑草だらけの畑を前に立ち尽くしている。そんな中、研究室の先輩が子どもたちに呼びかけた。

「この畑の中にサツマイモが隠されているよ！　さぁ、サツマイモを見つけよう！」

ジャングル芋掘りの始まりである。

ジャングルのように生い茂った草むらの中をかき分けて、サツマイモを見つけるのだ。

どこにあるか、わからないから宝探しゲームのようでもあって、子どもたちは大喜びだ。

飛び跳ねるバッタを追いかけている子どももいる。


こんな雑草の中でも、サツマイモはしっかりと芋を作っているからすごい。

思った以上にたくさんのサツマイモが収穫できた。

収穫した芋は、イチョウ並木の落ち葉を拾ってきて、みんなで焼き芋だ。

ほくほくの焼き芋をほおばって、お土産にサツマイモももらって、子どもたちは満足そうに帰って行った。

そして、その後には……。

見事なまでにきれいに、雑草が抜き去られた畑が残ったのである。

そう、「ジャングル芋掘り」は、子どもたちに草取りをしてもらうためのイベントだったのである。

雑草の管理方法において、除草剤の使用は、化学的防除法と呼ばれている。

また、ビニールマルチなどで雑草を防ぐ方法は、物理的防除法と呼ばれている。

これに対して、アイガモで水田の除草をしたり、ヤギに雑草を食べさせたりする方法は、生物的防除法と呼ばれている。

私たちは「ジャングル芋掘り」のことを「子どもを活用した生物的防除法」と専門的に呼んでいた。

ジャングルに雑草は生えない

ちなみに、これは言うまでもないことであるが、実際には、ジャングルに雑草は生えない。

雑草は、道ばたや公園、畑など、人間が作り出した環境に生える。

人間が作り出した環境は、野生の植物にとって適した環境であるとは言えない。このような特殊な環境に生えるためには、特殊な環境に適応した性質が必要となる。

その性質を持っているのが、「雑草」と呼ばれる植物たちなのだ。

つまり、何でもない植物が何となく生えているわけではない。

どんな植物でも雑草になれるわけではない。雑草として生えているのは、特殊な進化を遂げた特殊な植物たちなのだ。

それでは、どんな植物が雑草として進化を遂げているのだろう。

意外に思えるかもしれないが、雑草と呼ばれる植物は「弱い植物」である。

何に「弱い」かと言うと、それは植物同士の競争に弱い。

ジャングルのような場所では、植物たちが群雄割拠してしのぎを削っている。競争の激しい場所では、雑草は生えることができないのである。

ジャングルでなく、森林でも同じである。植物たちが競争を繰り広げるような場所に、雑草は生えることができないのだ。

ところが、人間が草刈りをしたり、管理をしたりするような環境では、強い植物たちは生えることができない。そこで弱いと言われる雑草にも、生えるチャンスが生まれるのだ。

「雑草は強い」という印象があるが、それはアスファルトのすき間に生える強さであったり、抜いても抜いても生えてきたりする強さである。雑草は競争に弱い植物であるが、困難な環境を乗り越える「強さ」を持っているのである。

ぐんぐん伸びる雑草は、競争力も強いのではないか、と思う方もいるだろう。

もちろん、草ボーボーの草むらでは、雑草同士が競争し合っている。しかし、それは弱いもの同士の競争である。大きくなる木々とは、とても勝負にならない。

また、花壇や畑では、競争に強いように見えるかもしれないが、それは相手が、人間に水や肥料をもらわなければ育たないような作物や草花だからである。競争に弱いとはいっても、雑草は人間に飼われている植物に負けるほど弱くないということなのだ。

人のいないところに生える雑草

雑草は、人間の作り出した「特殊な環境」に適応して「特殊な進化」を遂げた「特殊な植物」である。

私は雑草については、そこそこわかるが、一歩、山に足を踏み込むと途端にわからなくなる。学生のときは、「雑草以外の植物も覚えよう」と思ったが、これは早々に諦めた。

雑草は学校帰りの通学路や、買い物に行く道ばたで観察することができるが、山の植物を観察するためには、山に行かなければならない。

山の植物を覚えることは、雑草の観察ほど、お手軽ではないのだ。

このように、山に行くと大好きな雑草がない。

これは本当だろうか？

確かに深い森の中にはタンポポやナズナなどは生えていないようだ。

学生の頃、「雑草以外の植物も覚えよう」と、たまに植物観察会に参加しても、山を歩いていると、まるでわからない。

ところが、たまに山の中でタンポポのような雑草を見かけることがある。

ただし、それはキャンプ場のような人間に管理されている場所だ。

雑草は人間の作り出した環境に生える。そのため、キャンプ場のような人間が作り出した場所には生えることができるのだ。ハイキングコースの周辺や、登山ルートの山小屋の周辺には雑草が生えていることがある。

山の中にあっても、人間がいる場所であれば、雑草は生えるのだ。

それでは、本当に人のいない場所には、雑草は生えないのだろうか。


じつは学生時代から、それはずっと密かな謎である。


雑草は人のいないところには生えない。

もし、深い森の中で雑草を見つけたとしても、それを見つけた人がいる。

まったく人がいないわけではないのだ。

本当に人のいないところに、雑草は生えないのか？

もしかすると、誰も見ていない森の中に、雑草はひっそりと生えているのではないだろうか？

そういえば「誰もいない森で木が倒れたら、音はするか？」という哲学の問いがあった。

「人のいないところに生える雑草」も、まるで哲学の問いである。

人のいないところに生える雑草を、人間は誰も見ることができないのである。

7
セイタカアワダチソウと花粉症

問題は「多いか少ないか」ではない。「あるかないか」だ

「ハックション!」

授業前に、いきなり大きなくしゃみをしてしまった。

私は誰から見ても、わかりやすい花粉症なのだ。

「先生、予報によると、今日は花粉が少ないらしいですよ」

前のほうの席に座っていた学生たちが、気の毒そうに、私のところに集まってきた。

「少ないとか多いとか関係ないんだよ」

私は反論した。

「一粒でもあれば、体は花粉を感知するんだ」

これは実際にそうである。

天気予報で、「花粉が多いから気をつけろ」と言うのは、まだまだ花粉症になりたてのビギナー向けの情報である。

私のような上級者になると、天気予報で花粉が少ないと言われても、症状に影響はない。おそらく、花粉が多いか少ないかが問題なのではなく、花粉があるかないかである。たとえ少なくても花粉があれば、症状は発症する。

たとえば、雨が降っていても、部屋の中で花粉症の症状が現れることがある。おそらく、部屋の中に花粉が舞っているのだ。

これは花粉症の人には共感してもらえると思うが、部屋に入った瞬間に「この部屋は花粉がある」と瞬時にわかる。

センサーとしての人間の感覚器官は、本当に大したものである。

「ハックション！」

もう花粉症について考えただけでも、くしゃみが止まらないよ。

それはある日突然に

もっとも、私は昔から、花粉症だったわけではない。

私が花粉症を発症したのは四十歳を過ぎてからである。

ある日、突然それはやってきた。

よく体の許容量を超えると、コップから水があふれるように、花粉症があふれると言われるが、まさにそんな感じだ。


それは、まだ大学に赴任する前で、研究所に勤めていたときのことである。

あるとき、何だかやけにくしゃみが出る日があった。

どうにも、くしゃみが止まらない。

「誰かが、噂してるのかなぁ」

私が言うと「花粉症なんじゃないですか」と同僚が言う。

「花粉症？　まさか、なるわけないよ」

もしかしたら、という気持ちもあったが、まさか自分が、とにわかには信じられない気持ちもあった。

ところが数日も経つと、もう本当にくしゃみが止まらなくなってしまった。

それどころか、目がかゆくてたまらない。

もうこれは、「気のせい」では済まされない。さすがの私も、花粉症と認めざるを得なくなってしまった。

しかし、初めての経験なので、もうどうしていいかわからない。

かわいそうに思ったのか、向かいの席の人が薬を分けてくれた。

くしゃみもそうだが、とにかく目がかゆい。

この世のものとは思えない快楽

しかし、悪いことばかりではない。

花粉症になって良かったこともある。

たとえば、花粉症用のゴーグルもそうだ。

買ってきたマスクをして、花粉症用のゴーグルをはめてみた。すると、あまりに怪しい姿に、もう誰も話しかけてこなくなったのだ。

もちろん、私の目は涙でグチャグチャだから、まわりの風景も気にならない。

くしゃみも出るし、涙も止まらないが、誰も話しかけてこないから、意外と仕事に集中できる。ゴーグルの中は、まさに私だけの個室のような空間だったのだ。

なんて、便利な道具なのだろう。

それだけではない。

他にも花粉症になってから、やみつきになることがあった。

「目をかくこと」である。

目がかゆいので、目をかくと、とても気持ちがいいのだ。

もうこの世のものとは思えない気持ちよさである。

花粉症でない人は、この快楽を知らないのかと思うと、気の毒にさえ思える。それくらい気持ちがいいのだ。

しかし、調子に乗って目をかいていたら、切れて血が出てきてしまった。

それでも、目をかかずにいられない。

人間の理性とは、何と弱いものなのだろう。

いや、私だけか……。

けっしてかわいらしくない「イチゴ花粉症」

当時の私は品種育成の仕事をしていたので、人一倍、花粉症には気をつけていた。

品種改良をするときには、花粉を雌しべに授粉して交配する。

このとき、花粉を吸引しすぎると、花粉症になってしまうことがあるのだ。

私の知人ではキクの品種改良をしていて、「キク花粉症」になった研究者がいる。花粉症の原因となる植物は、風で花粉を飛ばす風媒花である。キクは昆虫に花粉を運ばせる虫媒花だから、花粉を風で飛ばすようなムダなことはしない。キクは花の中に花粉をたくさん作るが、それで花粉症になるようなことはないのだ。ところが、キクの交配をするときには、花粉を別の花につけていく作業をするから、花粉が舞って、花粉を吸ってしまう。そのため、キクの花粉症になってしまうのである。

あるいは他の知人では「イチゴ花粉症」になってしまった人もいた。

イチゴ花粉症というのは、ずいぶんかわいらしく思えるが、本人は大変である。

一般の人たちが日常生活をしていて、イチゴの花粉を吸う機会など、ほとんどない。しかし、イチゴの品種改良を行う研究者は、日々、イチゴの花粉を交配しなければならないのだ。イチゴ花粉症の人にとって、これほど過酷な仕事はないだろう。

私も花の品種改良の仕事をしていたので、交配作業をするときには、必ずマスクをつけていた。

こんなに気をつけていたのに、私は当たり前のように、世間にありふれた「スギ花粉症」になってしまったのだ。

カモガヤを探して

学生時代の私は、花粉症とは無縁だった。

花粉症に悩んでいる友人は、病院でカモガヤという植物が原因だと言われたらしいが、「カモガヤがどんな植物かわからない」と言う。

私はカモガヤが生えているのを知っていたので、わざわざカモガヤが生えている馬術部の馬場の裏まで行って、花が咲いて花粉を飛ばしているカモガヤを採ってきた。

そして、「これがカモガヤだよ」と採り立てのカモガヤの束を友人に渡したら、どういうわけか怒られた。カモガヤを見たことがないというから採ってきて見せてあげたのに、どうして怒られるのか、まったくわからなかった。

それくらい花粉症とは無縁だったのである。

昔は大学に教養部というのがあって、大学一、二年生のときは、主に教養部の授業を受けた。私は教養部で必要な単位は、一年生でほとんどそろえてしまったので、二年生のときはとにかくヒマだった。たぶん、週に二日くらいしか授業がなかったような気がする。

あまりにヒマなので、近所の山に登ってみたりした。

カモガヤ
……

もちろん、もともと山歩きが好きとか、体を動かしたいとか、そんなガラではなかったが、とにかく、そんなことでもしないと時間を持て余すくらいヒマだったのである。

あるとき、大学の裏山を歩いていると、スギの木が一斉に枯れているのを見つけた。

（どうしたのだろう？）

近づいてみると、それは枯れているわけではなく、スギの木が一斉に花を咲かせていた。赤茶けて枯れていたように見えたのは、すべて花だったのである。

眺めていると、スギの花が花粉を飛ばしているのが見える。

私は花粉が飛んでいくようすに見入ってしまい、しばらく眺めていた。


おそらく花粉症になった現在の私がそのようすを見たら、その場で卒倒してしまうだろう。

裸子植物と被子植物

花粉症の原因として有名な植物として、スギとヒノキがある。

スギとヒノキは教科書では「裸子植物」と呼ばれる植物だ。

裸子植物は、植物の進化の過程では、古いタイプとされる植物である。そのため、花粉を風で飛ばすという原始的な方法に頼っている。しかし、そんな風まかせで、花から花へと花粉が運ばれる可能性は高くない。そのため、裸子植物は、大量の花粉をばらまく。そして、ばらまかれた花粉が、あちらこちらに飛散して、私たちを悩ませるのだ。

裸子植物から進化を遂げたのが、「被子植物」である。

被子植物は、虫に花粉を運ばせるという画期的な方法を編み出した。

花から花へと虫が花粉を運んでくれるので、確実に花粉が運ばれる。そのため、必要以上にたくさんの花粉を作らなくても良くなったのである。

ただし、虫が訪れなければ花粉を運ぶことができない。

そのため、被子植物は、色とりどりの美しい花びらで花を飾り、競い合って虫を呼び寄せるようになった。

風で花粉を運ぶスギやヒノキには美しい花びらはなく、まるで目立たない。

私たちの身の回りに咲き誇る、美しい花々は、どれも進化した被子植物なのだ。

そのため、美しく咲く花は、花粉をばらまくこともないし、花粉症の原因になることもない。

犯人はセイタカアワダチソウ？

私が学生の頃に、花粉症の原因として騒がれていた植物に、セイタカアワダチソウがある。

セイタカアワダチソウは、北アメリカ原産のキク科の外来植物である。

今では、問題になっている外来植物はいくつもあるが、当時は、外来植物の種類自体はたくさんあったものの、目に見えて被害をもたらすような雑草は少なかった。その中で、拡大するセイタカアワダチソウの猛威は、かなり目立っていたのである。

セイタカアワダチソウは群生して、一面に黄色い花を咲かせる。

もともと、日本の秋の風景といえば、ススキの原っぱが広がっていたり、秋の枯れ野にポツンポツンと野の花が咲くような風情あるものだった。

それをショッキングな黄色一色に変えてしまったのだから、セイタカアワダチソウの猛威は植物にくわしくない人たちにとっても明らかだったのである。

セイタカアワダチソウは、「背高泡立ち草」である。

セイタカアワダチソウは、その名の通り、背が高い。背の高いものでは二メートルや三メートルを超えるものまである。

そして、花が咲き終わると綿毛のような種子を作り、一斉に飛ばす。この風景が泡が立っているように見えることから、「泡立ち草」と名付けられたのだ。

大量の綿毛を風に飛ばしていくようすは、見ただけで鼻がむずむずするが、花粉症の原因は「花粉」なので、セイタカアワダチソウの綿毛が花粉症の原因になるわけではない。

花粉症自体は、古くから知られていたが、私が学生の頃、患者数が増えるなど問題が顕在化

セイタカアワダチソウ

しつつあった。

そして、誰の目にも明らかな悪者である、セイタカアワダチソウが花粉症の犯人であるとされたのである。確か、病院だったか保健所のポスターにも花粉症の原因として、セイタカアワダチソウが掲載されていた。

しかし、植物を学ぶ私たちは、セイタカアワダチソウは花粉症の原因になり得ないと知っていた。セイタカアワダチソウは、虫が花粉を運ぶ虫媒花なので、花粉をばらまくようなムダなことはしないとわかっていたのである。

むしろ、秋の野の花を回らなければならないはずのハチたちが、みんなセイタカアワダチソウに惹かれて行ってしまうことのほうが、問題だと思っていた。

もちろん、後に、セイタカアワダチソウが花粉症の原因とならないことは一般の人たちにも知られるようになる。そして、花粉症の原因となる真犯人は、ブタクサという別の外来の雑草であったことがわかったのだ。

ブタクサは、セイタカアワダチソウと同じく北アメリカ原産のキク科の植物である。

どちらもキク科の植物だが、ブタクサとセイタカアワダチソウは大きく違うところがある。

じつは、ブタクサは花粉を風で飛ばす風媒花なのだ。

ブタクサが分布を広げた理由

植物は、風で花粉を運ぶ裸子植物から、虫に花粉を運ばせる被子植物に進化をした。

ところが、虫に花粉を運ばせる虫媒花は、虫がいないと成立しない。そのため、おそらく虫の少ない荒れ地のような環境では、再び、風で花粉を運ばせる風媒花に進化し直す植物が現れた。

キク科植物は、被子植物の中でも進化したグループと考えられている。

この進化したキク科の中には、「風で花粉を運ぶ」という古いしくみを採用しているものがあるのである。

ブタクサはこの風で花粉を運ぶキク科の植物である。

虫を呼び寄せる必要がないから、ブタクサは花を美しく目立たせる必要がない。

そのため、ブタクサの花は、花とは思えないほど地味である。

そして、花の目立つセイタカアワダチソウに人々が目を奪われているその裏で、ブタクサは人間に気がつかれることなく、分布を広げていったのである。

イネ科植物も、被子植物の中ではもっとも進化したグループの一つである。

虫の少ない草原で進化してきたイネ科植物は、風で花粉を運ぶ風媒花として進化を遂げた。

そのため、イネ科植物も花粉をまき散らす。

カモガヤに代表されるイネ科植物も、花粉症の原因となる植物である。

花粉の数を数えるのが得意なんです

このように植物は、風や昆虫に花粉を運ばせて、受粉をしようとする。

それなのに、不思議なことがある。

「雑草」と呼ばれる植物は、あろうことか花粉を飛ばすことなく、自分の花粉を自分の雌しべにつけて受粉をしようとする自殖《じしょく》を行うことがあるのだ。

雑草が生える環境は不安定で、昆虫も少なく、風も頼りにならないような場所も多い。そのため、自分の花粉で自殖を行うという特殊な能力を発達させているのである。

それでは、どのような雑草が、自殖を発達させているのだろうか。

これは花粉の数を数えることで想像ができる。

風で花粉を飛ばす場合は、膨大な量の花粉が必要となる。一方、昆虫が花粉を運ぶ場合は、花粉の量を減らすことができる。

自殖の場合は、花粉の数はどうなるだろう。

自分の花粉を自分の雌しべにつけるだけだから、花粉の数は少なくても良い。そのため自殖への依存度が大きい場合は、花粉の数は少なくなるのだ。

そこで、花の中の花粉の数を数えると、その雑草が他殖《たしょく》を主としているのか、自分の花粉で受粉する自殖に依存しているのかが、わかるのである。

少ないとはいっても、花粉の数は数千粒になる。顕微鏡をのぞきながら、花粉を数える作業は簡単ではない。

ところが、私はこの花粉を数える作業を得意としていた。

それには理由がある。

じつは、私は交通量調査のアルバイトを好んで行っていたのだ。

交通量調査のアルバイトは、交差点などに椅子を置いて座って、車の量をひたすらカウンターで数えていく。

このアルバイトが、私はとてもお気に入りだった。

何しろ、バス停でバスを待っているときなどは、誰に頼まれているわけでもないのに、「白い車と白くない車とどちらが多いか？」とか、「タクシーは何台に一台の割合で通るか」を勝手に調査して時間をつぶしていた。

それが、車のデータを取っただけで、何とアルバイト代までもらえるのである。これが楽しくないはずはない。

交通量が多い場所では、右折・直進・左折と次々にやってくる車の数を別々のカウンターで数えていく。まるでピアニストがピアノを奏でるように、いくつものカウンターを動かしていくのは、とてつもなく楽しい。

一方、交通量が少ない場所では、一時間に一台くらいしか通らない場所もあった。その一台も、おばあさんが一輪車を押しながら、ダイコンを運んでいっただけだったから、車としてカウントするには、かなりグレーな一台だった。そんなときは、いつ来るとも知れない車を待ってボーッとする。これもまた楽しい。

若い人の特権なのだろう。「暑い中、ご苦労さま」と近所の人が飲み物やお菓子を差し入れてくれることもある。

交通量調査は二人一組で交代制なので、空き時間は近所のスーパー銭湯を探して風呂に入って戻ってきたりもしていた。それでいて、当時としてはなかなかの日給だったのだ。

私はとにかく好んで交通量調査をしていた。そのおかげで、「カウンターを動かしながら数える」という作業を、とても得意としていたのである。

花粉を数えながら集中していくと、周囲の音は気にならなくなる。まさに、ゾーンに入った状態だ。

しかも、顕微鏡をのぞき込みながら、カウンターをカチャカチャ動かしていると、誰も話しかけてこない。まさに自分だけの世界である。

花粉を数える仕事は私の研究ではなかったが、私は好んで花粉を数える作業を手伝っていた。

そして、日々、顕微鏡の視野の中の世界に引きこもっていたのである。

しかし、ただ、引きこもっていたわけではない。ミクロの世界で、花粉を数え終えてから、顕微鏡から目を離すと、自分の体が巨大化したような気になる。

そして、ちょっぴり偉くなったような気にもなる。そんな感覚も楽しんでいたのである。

アキノキリンソウが日本の野山から消える日

大学二年生のときは、授業もなくてヒマだったので、あるとき友人を誘って、河原に生えるセイタカアワダチソウを上流から下流まで調査したことがある。

図鑑によるとセイタカアワダチソウに似た植物に、アキノキリンソウというものがあるらしい。アキノキリンソウは、別名をアワダチソウという。小さな花が集まって咲くようすが、泡立っているように見えることから、そう名付けられたらしい。

セイタカアワダチソウの名前は、綿毛が泡に見えるという部分もあるが、このアキノキリンソウに似ているということも、その由来の一つらしい。

アキノキリンソウ

そこで、セイタカアワダチソウとアキノキリンソウの分布を調べようとしたのである。

どれがアキノキリンソウなのだろう、と探しながらセイタカアワダチソウの群落に分け入っていく。

高く伸びたセイタカアワダチソウの茎が揺れて、花粉が上から降ってくる。

セイタカアワダチソウは花粉症の原因にはならないが、さすがにこんなことをしていては、「セイタカアワダチソウ花粉症」という珍しい病気を発症してしまったかもしれない。

もっとも、後から知ったところによると、セイタカアワダチソウとアキノキリンソウは、あまり似ていない。

見た目も違うが、そもそも生えている場所も生え方も違う。

セイタカアワダチソウは群生する。これに対して、もともとの日本の秋の植物であるアキノキリンソウは、秋の野山にポツンポツンと生えるのである。

セイタカアワダチソウは外来雑草である。セイタカアワダチソウは繁殖力の強い雑草だが、日本の植物がしっかりと生えているような場所には、生えることができない。

そのため、このような外来雑草は、日本の植物が生えていない空き地などに生えるのである。河原には日本の植物が生えているが、雨で増水すれば植物が生えていないすき間ができる。そのため、河原は外来雑草が侵入の拠点とするのである。

実際には、アキノキリンソウとセイタカアワダチソウが、同じ場所で混在して生えていることは、考えにくい。

似ている植物とは言っても、生えている場所が違うということはよくある。

そういえば、植物分類の先生に、名前のわからない植物を見せると「これはどこに生えていたの?」と聞かれることが多かった。どんな環境に生えていたかは、植物を同定する重要なポイントの一つなのだろう。

もっとも、昔は、身近なところでもアキノキリンソウが見られたという。じつは私が調べていたときには、アキノキリンソウは、もう絶滅が心配されるまでに減っていた。

図鑑では、両種はよく似ていると書かれていたが、もうアキノキリンソウを見ることは難しくなっていたのだ。

外来雑草は、日本の植物がしっかりと生えている場所には、生えることができない。日本の野山の植物が減っているのは、外来雑草のせいばかりでなく、日本の野山の環境がそれだけ開発され、破壊されているからでもあるのだ。

あれだけ繁茂したセイタカアワダチソウが……

私が学生の頃は、近くの河原はセイタカアワダチソウに埋め尽くされていた。

「学生の頃は……」と言うのは、今では少し状況が違うからだ。

私が学生の頃に比べれば、最近ではセイタカアワダチソウの勢いは失われつつあるようだ。

日本に侵入したセイタカアワダチソウが猛威を振るった理由の一つと考えられているのが、根から出す毒性の物質である。セイタカアワダチソウは、根から毒性の物質を出して、他の植物を攻撃する。そのため、日本の植物はみんなやられてしまってセイタカアワダチソウが一人勝ちしてしまったのである。

ところが、沖縄県からやってきた学生に聞いたところ、沖縄ではセイタカアワダチソウは、こんなに広がっておらず、そもそも、こんなに背も高くないという。

いったい、どういうことなのだろう?

沖縄県は亜熱帯性気候だから、北米原産のセイタカアワダチソウには暖かすぎるのだろうか?

❦

あれから何十年も経った。今では、沖縄県以外でも日本全国で同じような現象が観察される。

背が高いのが特徴だったセイタカアワダチソウが、一メートルにも満たないような草丈で、かわいらしく咲いていることも多い。

この理由の一つは、「自家中毒」にあると言われている。

原産地の北米でも、セイタカアワダチソウは根から毒性の物質を出している。とは言っても、まわりの植物もセイタカアワダチソウとともに進化を遂げてきたから、そんなことは百も承知だ。そもそも、さまざまな植物が何らかの物質を根から出して、まわりの植物を攻撃し、自分のテリトリーを守ろうとしているから、まぁ、お互いさまという話だ。

ところが、日本の植物にとっては、セイタカアワダチソウの出す物質は、未知の物質であった。もちろん、何の耐性もない。そのため、簡単に駆逐されてしまったのである。

もっともセイタカアワダチソウにとっても、これは想定外の事態だった。まさか、自分の出した物質で、まわりの植物があっけなくなくなってしまうなんてことは、経験したことがなかったのである。

そして、その結果、セイタカアワダチソウは自らの出した毒性物質によって、「自家中毒」を起こしてしまったというのである。

そもそも、セイタカアワダチソウが群生して、競い合うように背を伸ばしている姿も、原産地の北米では目にすることはできない異様な光景である。

セイタカアワダチソウの群生は、セイタカアワダチソウ自身にとっても、意外な経験だったのだ。

やがて日本の植物もセイタカアワダチソウの物質に対する耐性を身につけていったのだろうか。最近では、日本の植物も勢いを盛り返し、ススキなどの日本古来の植物に混ざって、セイタカアワダチソウが控え目に咲いている。

戦後、アメリカの統治下にあった沖縄県は、おそらくセイタカアワダチソウの繁茂が日本本土よりも早かったのだろう。そして、おそらくは自家中毒による衰退という現象が早めに起こったのではないかと思う。


「つまり、花粉症の原因となる植物は……ハッ……ハッ……ハックション！」

いやいや、もう、植物の話は終わりにしよう。

くしゃみが止まらないよ。

8
イタドリと左腕の古傷

鎌は危険！

野外活動が多い農学部で、もっとも避けなければならないことがケガである。

たとえば、農場実習では、鎌などの農具を使う。鎌は便利な道具だが、使い方を間違えば、指を切るリスクもある。

もっとも、これは、鎌だけにとどまらない。

実際には、私たち人類が用いるすべての道具がそうである。

たとえば、自動車も便利な道具だが、人をひき殺す殺傷能力も持っている。

ロケットエンジンは、宇宙に行くこともできれば、どこかの国を攻撃することもできる。

原子力もエネルギーにもなれば、武器にもなる。

遺伝子操作や人工知能もそうだ。役に立つ技術は、同時にリスクを伴う。

すべてはそれを使う人間次第なのだ。

使い慣れない学生にとっては、鎌は危険な道具である。ときどき、実習中に学生が鎌でケガをしたという話を耳にする。

しかし、私たちの実習で学生がケガをしたことはない。

農場実習は、私のような知識を教える教員と、農業技術を教える技官とが協力して行う。

鎌は農業を行う人間にとっては、もっとも使い方が簡単な農具である。包丁やはさみと同じで、使い方を説明しなくても誰でも使える道具である。

しかし、技官の東山さんは、時間を掛けてていねいに鎌の使い方を説明する。

「鎌は、植物はなかなか切れませんが、皆さんの指は簡単に切れます」

「きれいに切り落とせばつながりますが、断面がデコボコしていると指がつながらなくなります」

女の子たちが露骨に気味悪そうな顔をする。

「昔、鎌を持ったまま手を振って歩いていた学生が、後ろを歩いている学生の手を切ったことがあります。自分の手ならいいですが、他人の手を切らないようにしてください」

この話が実話なのか、東山さんの創作なのか、私は知らない。

しかし、東山さんは毎回学生たちに時間を掛けて説明をする。

鎌でさえ、そうなのである。
現代の私たちの生活は、便利で、そして危険な道具であふれている。
道具は使い方である。
よほど使い方に気をつける必要があるということなのだろう。

❦

畑へ下りる下り坂を歩いているときに、学生が一人足を滑らせて転んでしまった。
鎌を持ったままだったので心配したが、幸い、ケガはなかったようだ。
しかし、転んだときに腕をすりむいてしまった。
私はすぐに救急箱を取りに走った。
傷を見ると、擦り傷から血がにじんでいる。
(傷が残らなければいいけど……)
私は彼女の傷を消毒しようと、土で汚れた自分の服の袖をまくり上げた。
袖をまくり上げると、そこには私の左腕の古い傷が見えた。
私は思った。

（まぁ、傷が思い出になることもあるけれど……）

私は古ぼけた傷を見直した。

四国の「酷道」で見つけたもの

大学二年生の夏のことだったろうか。

私は自転車で四国を旅行していた。

その日は、四国山地の峠を越える予定だったが、前日の宿でたまたまいっしょになった二人と行動することになった。東京から夏休みで来ていたサラリーマンのOさんと、大阪から来ていたOLのKさんである。

四国の四〇〇番台の国道は、山道を通り抜ける林道のような細い道である。現在では、「酷《こく》道《どう》」と呼ばれて、道路マニアの間で人気らしい。

私たちが挑むのはまさにその酷道だった。

木立の中、自転車でずっと山道を上っていく。峠は遠い。

私は自転車が得意とか、自転車が好きだとか、そんな冒険者でもなければ、スポーツマンでもない。

夏休みに自転車で旅してみたいという軽いノリだった。

こいでもこいでも、坂を上っていかない。

道の向こうが開けて見える。どうやら峠らしい。

「オレ、先に行って見てきます！」

急に元気になった私は、元気よく上っていった。

ところが……。

峠だと思ったのは、ただのカーブだった。

カーブを曲がると、まだまだ上り坂が続いていた。


それからは、ずっとずっとそんな感じだった。

峠が見えたかと思って頑張って自転車をこいでも、その場所はゴールではなく、また長い坂が続いている。

私は大人になってから、よくこの光景を思い出す。

「これさえ終われば楽になる。頑張って終わらせよう」と思って仕事に取り組むと、また次のやるべき業務が目の前にある。

「大変なのは今だけだ、これが終わったらのんびり休みを取ろう」と何とか締め切りに間に合わせると、次の締め切りが目の前にある。

まさに私はこうやって仕事をし続けてきた。

そしてときどき、ふと、あの上り続けた四国の坂道を思い出すのである。


不思議なことに、峠に近づくと、道の両側に家や畑が現れ始めた。

山の高いところに村があるのだ。

畑を見ると、何か見慣れない植物が植わっている。

(何だろう?)

私は自転車を止めた。

「ちょっと待ってください」

私は先を急ごうとするOさんとKさんを呼び止めた。その植物を見てみたかったのである。

「そうだな、ちょっと休憩するか」

一番年上で、一日限りの三人チームのリーダー的存在だったOさんが同意してくれた。

自転車を降りて畑をのぞいてみると、そこに植えられていたのは、どこかで見たことのある植物だった。

(この特徴的な葉の形、どこかで見たことがある気がする……)

「ソバだ!」

私は大学の授業を思い出した。スライドで写真を見たことがあったのだ。

たぶん、ソバの植物の実物を見たのは初めてだった。

畑は傾斜地に作られていて、畑の先は崖のように下っていく。

（こんなところで農業をしなくてもいいのに……）と私は思った。

しかし、この山の中で農業をしようとすれば、平らな場所は少ない。

四国山地の中は、平家の隠れ里と呼ばれる場所がいくつも存在する。

瀬戸内海で繰り広げられた源平の戦いに敗れた平家の人たちが、落ち延びて山の中に隠れ住んだと言い伝えられているのである。もしかすると、このあたりもそんな場所の一つなのかもしれない。

（しかし、こんなところで農業をしているなんてすごい。機械は入らないだろう。いったい、どうやって農作業をしているのだろう）

大学二年生なので、大した知識はなかったが、専門の授業も始まり、農業が面白いと思い始めた頃だった。私は「農学部生」を気取って少ない知識で、この土地の農業に思いを馳せた。

この傾斜地農業は、私にとって心に残るとても印象的な風景だった。


それからおよそ三十年後……。

四国山地の傾斜地農業は、世界的にもユニークな農耕システムとして、「世界農業遺産」に登録された。

あの日、私が自転車を止めて感動したあの風景は、世界の研究者たちの心をも動かしたのだ。

私は少しだけ若き日の自分が誇らしかった。

おばあさんは私の傷口に葉を塗りつけた

峠を過ぎれば後は下り坂である。

他の二人は慎重に自転車を下らせていったが、私は気持ちよく一気に下っていった。

「先に行ってます！」

それまでは汗だくになって坂道を上っていたのである。

風を切って下るのは体も心も気持ちがいい。ペダルなんかこがなくても、自転車はどんどん下っていく。私のテンションを乗せるようにして、スピードもぐんぐん上がっていく。

そのとき！

アスファルトの上の砂利に自転車のタイヤが滑って、自転車が横転した。

急な下り坂である。まるでスライディングをするように、横転したまま、私と自転車は滑り落ちていく。止まったのはガードレールにぶつかってからだった。

イタドリ

もし、ガードレールがなかったら、私は谷の底に落ちていただろう。

景観的に良くないという意見もときどきあるが、私は命を助けられた身だから、山の奥の道までガードレールがついているのは、本当にありがたいと思う。

私の左腕には、砂利で裂かれたのであろう傷口がぱっかり開いていた。

追いついたOさんとKさんに連れられて、私は近くにあった人家に助けを求めた。

Oさんが救急箱を借りに行くと、家の中からおばあさんが出てきた。そして、私の傷を見ると庭に向かった。

取ってきたのはイタドリだった。そしてその葉を揉むと私の傷口に塗りつけたのである。

私たちはあっけに取られて、おばあさんのやることを見ていた。

後に植物を勉強するようになってから図鑑を読むと、イタドリは血を止める効果があると言われていることがわかった。

雑草の中には止血効果があると言われているものがあり、イタドリの他にもヨモギやドクダミなどがある。中にはチドメグサという名前で図鑑に記載されている雑草もある。もちろん「血止め草」という意味だ。

これらの植物に本当に止血効果があるのかどうか、私は知らない。しかし、植物が持つタンニンには、たんぱく質を変性させることで、組織や血管を縮める収れん作用がある。もしかすると、皮膚や血管が縮まることで血を止めるのかもしれない。

次におばあさんは、庭に生えていたアロエを折ってきて、傷口に塗り始めた。

これも後から知ったことだが、アロエは、傷口を治す効果があるらしい。

ぱっくり開いた傷口に、アロエの中のゼリー状の物質が塗り込まれた。

このときの治療法が正しいものだったのかどうかはわからないが、私の傷口はふさがった。

しかし、その後、その傷は消えることはなく、ずっとアロエを塗り込まれたままのように白く残ってしまった。

その傷は今も残っている。

そして学生の手当てをしようとしたときに、思いがけず、私はその傷を目にしたのである。

不思議な言い伝え

私に古傷を残した四国山地は、なつかしい思い出の場所である。

大学教授になってから、私はなつかしいこの土地を再び訪れた。

そのとき、私は不思議な言い伝えを聞いた。

「ナス科を育てるときは、イタドリが良い」というのである。

野菜を育てるときには、稲わらで土を被覆《ひふく》する。

稲わらを敷くことには、雑草の発生を抑えたり、保温して寒さから守ったり、水分の蒸発を抑えて土を保湿したり、表面を流れる水によって土が崩れるのを防いだりするなど、さまざまな効果がある。

しかし、山深いこの地域に稲わらはない。そのため、この地域では山に生えるススキが稲わらの代わりに敷きわらとして利用されているのだ。

ところが、ナス科の作物を育てるときには、ススキではなく、イタドリを使ったほうがいいというのである。

どういうことだろう。

大学で学生と実験をしてみると、収量は増えなかったが、ナスの皮が柔らかくなったり、甘味が増したりするという効果が得られた。

しかし、ナスはスイカやサツマイモのように糖度を求められる野菜ではない。ナスが甘くなっても、あまり意味がなさそうである。

そこで、ついでに甘味が求められるミニトマトにも試してみた。

トマトもナス科の植物である。

すると、トマトにも甘味が増すという効果が得られたのである。ただトマトは甘いほうがいいというのは、商品価値が求められる現代の話である。

食べ物の少ない、食うや食わずの山里で、ナスやトマトの品質が良くなるということは、あまり大切なことではないように思える。

もっと他に大切な役割があるのではないだろうか……。

「二度芋」の秘密

そこで試したのは、ジャガイモだった。

ジャガイモもナス科の植物である。

じつは四国の山の中では、古くからジャガイモが重要な食料であった。

ジャガイモは南米原産の植物である。コロンブスが新大陸を発見した後、ヨーロッパに伝えられ、やがて大航海時代の船乗りたちに運ばれて日本にやってきた。保存性の高いジャガイモは、長い航海の食料として重宝されたのである。

ジャガイモは戦国時代の終わり頃に日本にやってきたが、同じ時代に伝えられたカボチャやサツマイモが日本中に広がっていったのに対して、ジャガイモはなかなか広まらなかった。カボチャやサツマイモは甘味があって、日本人好みの味だが、ジャガイモは淡泊な味で日本人の口に合わなかったのである。

ジャガイモが日本に広まったのは、明治時代になってそれまで禁じられていた肉食が解禁されるようになってからである。淡泊なので肉の脂とよく合う。そのため、肉じゃがやカレーなどの新しい料理とともに日本に普及していったのだ。

ところが四国の山間地は事情が違った。

標高の高い山の中では、水を引くことができず、米を作ることはできない。土地もやせていて麦の栽培も限られている。そんな場所では、雑穀やソバが主な食料だった。そして、やせ地でも育つジャガイモは、貴重な食料として生産されてきたのである。

それでは、イタドリの被覆はジャガイモの栽培にどのような効果をもたらすだろうか。

私たちの研究によると、イタドリを敷くとジャガイモを連作できるようになることが明らかとなった。ジャガイモは毎年、同じ場所で栽培すると連作障害を起こす。

しかし、イタドリを敷くとこの連作障害が軽減するのだ。

ジャガイモは現地では、年に二回栽培できることから「二度芋《にどいも》」と呼ばれている。限られた面積の畑でジャガイモを連作するために、イタドリが用いられたのではないか。

これが私の考える「ナス科を育てるときは、イタドリが良い」の真相である。

イタドリもアロエもないので、私は転んでケガをした学生に救急箱の消毒薬と傷薬をつけて、固く包帯を巻いた。

「さぁ、これで良し」

「先生、ありがとうございます」

「大したケガじゃなくて良かったね」

そう言いながら、私は自分の古傷を見た。

（まぁ、傷が思い出になることもあるけれど……）

9

メリケンカルカヤと青春18きっぷの旅

そばとうどんと青春18きっぷ

今も売られていると思うが、学生時代は「青春18きっぷ」をよく使った。これは鈍行ならば一日乗り放題の切符である。

私の大学は西日本にあり、実家は東日本にあった。

実家に帰るときも、いつも青春18きっぷで帰っていた。

新幹線を使えばあっという間だが、鈍行だと十時間以上掛かる。

ただし、青春18きっぷで鈍行で帰れば、電車賃は一万円安くなった。

一日、一万円である。

これは日給一万円のアルバイトだと思えば、意外と割がいい。

それに、電車に長時間乗っていることは、それほど苦ではなかった。

私はカバンの中に本をたくさん詰め込んで、電車に乗っていた。

今はもっと短い時間で移動できるようだが、当時は今のように乗り換えの接続がよくなかったから、乗換駅で一時間待つということも当たり前だった。そんなときは、駅の近くを散策したりした。何しろ青春18きっぷは、途中下車も可能なのだ。

長時間電車に乗っていて、面白いのは、電車の中で聞こえる言葉だ。方言での話し方が、電車が進むにつれて、だんだんと変化していくのである。特に方言がはっきりしているのが、女子高生だった。不思議なことに、男子高生はそこまで方言がきつくない。これはどうしてだろう。当時の私が感じた謎の一つだ。

駅の立ち食いうどんの味も変わっていく。西日本では出汁《だし》の効いた透明感のあるスープだが、だんだん醤油ベースの濃いスープになっていく。すると不思議なことに、だんだん、うどんではなく、そばのほうがおいしくなっていく。

関西ではうどんが好まれ、関東ではそばが好まれる。実際に、関西の影響を受けた私の大学のある街はうどん屋ばかりだった。そばを食べたければ、うどん屋でそばを注文するのである。一方、私の実家のある街は、東京の影響を受けてそば屋が多かった。うどんを食べたければ、そば屋でうどんを注文するのである。

関西ではうどんが好まれ、関東でそばが好まれるのには理由がある。

うどんの原料はコムギである。乾燥した地域が原産のコムギは、雨が苦手である。雨の少ない瀬戸内海周辺で良質なコムギが作られるのは、そのためだ。それで古くから、コムギから作られるうどんが好まれたのである。

一方、ソバはやせ地で栽培される。

火山灰の堆積した関東ロームは、土地がやせていて、作物を作るのには適した場所ではない。そのせいで、やせ地で育つソバが栽培されたのである。

もともと、そばは他の作物が育たないところでは飢饉食のようなものだった。ところが小麦や大豆を加えてコクを増した香りの強い濃い口醤油が考案されると、それから作られる濃厚なつゆは、そばを何とも美味《うま》い食べ物に仕立て上げたのである。

もちろん、関東でもうどんの美味いコムギの産地はあるし、関西にもそばの美味いソバの産地はある。しかし、関西と関東の気候と土質の違いが、関西のうどんと関東のそばという文化を作り上げていったのである。

農業は気候や地形に依存して発達する。

地域の産物には、必ずその地域で作られている理由がある。

電車の窓から、さまざまな作物が作られている畑を見たり、山や川などの地形を見ながら、地域の農業の歴史や文化に思いを馳せるのは、楽しかった。これは農学部生ならではの電車の旅の楽しみ方だろう。

鉄道の広がりとともに雑草も全国へ

最短の路線で帰っても十時間以上掛かるが、それに飽きてくると、わざわざ遠回りの路線を選んで、乗り換えたりした。青春18きっぷは、とにかく鈍行ならば、どの路線に乗るのも、どの駅で降りるのも、自由だったのである。

雑草の種類がわかるようになってくると、女子高生の言葉が変化していくように、雑草の種類が変化していくのも面白かった。

西日本では、線路沿いに、セイバンモロコシやメリケンカルカヤという雑草が生えていた。ところが、東に向かうに従って、これらの雑草は少なくなっていくのだ。

私の故郷の街では、セイバンモロコシやメリケンカルカヤは、まだ、ほとんど見ることのできない珍しい外来の雑草だった。

セイバンモロコシやメリケンカルカヤは、風で種子を飛ばす風散布種子である。

鉄道沿いは、電車が通るたびに風が起こる。この電車が起こした風に乗って、線路沿いに種

子が運ばれていくのである。

これらの雑草は、こうして、少しずつ少しずつ分布を広げていったのだろう。

今では私の故郷でもセイバンモロコシやメリケンカルカヤは、ふつうに見られる雑草になっている。線路沿いどころか、到るところに見られるふつうの雑草だ。

私がボーッと生きてきた数十年の間に、外来雑草たちは、確実に勢力を拡大していたのだ。


古くから外来雑草は鉄道に沿って分布を広げてきた。

たとえば、ヒメムカシヨモギは北アメリカ原産の雑草だが、明治時代に日本にやってきた。

そして、鉄道の敷設が全国へ広がっていくと、鉄道の広がりとともに全国へ広がっていったのである。

ヒメムカシヨモギもまた、風散布種子である。

荷物や人の移動に伴って種子が運ばれ、また、汽車の走行に伴って種子が移動したのだろう。

そして、人々は目新しい鉄道とともに目にするようになったこの雑草を「鉄道草」と呼んだのである。

ヒメジョオンも鉄道草と呼ばれる雑草である。

ヒメジョオンも北アメリカ原産の雑草で、明治時代に日本にやってきた。そして、風散布種子を持つヒメジョオンも、鉄道の敷設とともに、各地へ広がっていったのである。

ユーミンも筆の誤り

ヒメジョオンに似た雑草にハルジオンがある。

我々が学生の頃には、誰もがよく聞いていたユーミンこと松任谷由実さんの「ハルジョオン・ヒメジョオン」という曲がある。ただし、図鑑の名前ではハルジョオンではなく、ハルジオンである。ハルジオンは「春紫苑」である。

もともと、紫苑《シオン》という名前の植物がある。ハルジオンは紫苑に似ていて、春に花が咲くので、春に咲く紫苑という意味で、「春紫苑」と名付けられたのだ。

ちなみに私が学生のときには「ハルジオンではなくハルシオンが正しい」と教わった。ただし、ハルジオンと書く図鑑も多い。また、ハルシオンという名前の薬もあるらしいので、どちらが正しいかわからないままに、最近ではみんなと同じようにハルジオンと使っている。

これに対してヒメジョオンは「姫女苑」と書く。つまり「女《じょ》」なのである。

じつは、姫紫苑《ヒメシオン》という植物がすでにあったため、区別するために姫女苑《ヒメジョオン》と名付けられたらしい。

もっとも昔からある姫紫苑は、今では絶滅寸前にまで減少していて、私たちが目にすることはほとんどない。私たちが目にするのは姫女苑のほうである。

というわけで、松任谷由実さんの「ハルジョオン・ヒメジョオン」という曲は、本当は「ハルジオン、ヒメジョオン」が正しい……。

というのが私たちの学生時代のテッパンの雑草ネタだった。

まぁ、こんなことを面白がっているのだから、友人が少なかったのも仕方のない話なのだろう。

幻のハルジオン調査計画

ヒメジョオンとハルジオンは名前も見た目もよく似ている。

しかし、不思議なことに私の学生時代は、西日本にある大学の下宿先の街ではハルジオンはふつうに見られたが、私の故郷のある東日本に比べると少ない印象だった。

セイバンモロコシやメリケンカルカヤが西日本に多いのに対して、ハルジオンは西日本では少なかったのである。

じつはヒメジョオンとハルジオンには、決定的な違いがある。

ヒメジョオンは一年草なのに対して、ハルジオンは多年草なのである。

一年草は、一年で種子を残して枯れてしまう。後に残せるものは種子だけだから、すべてのエネルギーを種子に残して、世代交代を図る。そのため、それだけたくさんの種子を生産するのだ。

一方、ハルジオンは多年草なので、種子を生産した後に自分の株も残る。自分の株にも栄養分を蓄えるから、その分、種子への投資は少なくなる。

ヒメジョオンは明治時代に日本にやってきた。ハルジオンは遅れて大正時代に日本に持ち込まれた。その時代もあるだろうが、ヒメジョオンは最初に侵入した東京から一気に全国に広がったのに対して、ハルジオンは東京からゆっくりゆっくりと広がっているのではないか。

それが学生時代に私たちが考えていたことである。

それでは、西から東へどの駅まで行くと、ハルジオンが多くなるのだろうか？

駅の立ち食いうどんの味を食べ比べていくように、青春18きっぷで一駅ずつ降りながら、いつの日か調査してみたいと思っていたが、叶わないままに卒業してしまった。

ハルジオンの調査計画はそれっきりである。

新幹線のように走り続けて

卒業して就職した私は「仕事が速い」とほめられることが多かった。ほめられるとうれしいから、さらに仕事を効率化して、スピードアップしていく。

私は常にスピード感を意識しながら、仕事を進めていった。

次々に仕事を終えていけば、次々に仕事を与えられる。

「仕事が速い」とほめられながら、私は次々に仕事をこなしてきた。

そんな私を見て、妻はいつも「生き急いでいる」という。

いやのんびりしているヒマはない。人生は短い、私にはやるべきことがたくさんあるのだ。

思えば、新幹線のように走り続けてきた。

通過できる駅はできるだけ飛ばし、停車時間はできるだけ短くして、私は走りに走った。

加速できるだけ加速しよう。行けるところまで、できるだけ遠くまで行こう。

そう思いながら私は走り続けてきた。

おそらく若いうちは、それでも良かったと思う。

なつかしい鈍行の旅

本を一〇〇冊、論文を一〇〇本書くことを目標にしていた時期があった。

その目標に向けて、がむしゃらに頑張ったこともあった。

先に達成したのは、本一〇〇冊だった。


ついに一〇〇冊目の本を書き上げたとき……。

私の頭の上でクスダマが割れて、目の前がパーッと明るくなって、それから私の人生は一変した……。

ということは、まるで起こらなかった。


いつもと同じ朝が来て、いつもと同じ一日だった。

一〇〇本目の論文を書き終えた日も、何も起こらなかった。

一〇〇本目の論文を書いても、まだ論文にしなければならないことが山のようにあった。私の論文ノルマは何も変わらなかった。

一〇〇冊の本と、一〇〇本の論文という目標はいったい何だったのだろう。

その目標は、自分で勝手に決めたものだ。

結局、自己満足に過ぎなかったのだ。

そんなものだと言えば、そんなものだろうが、どこか虚しかった。

今、私も五十歳を過ぎて人生のゴールが見えてきた。

どんな人も人生のゴールは同じだ。みんな「死」という最期にたどり着く。

ただ、それだけのことだ。

やっぱり私は生き急いでいたのだ。

超スピードで走る新幹線に乗り、ただただ目的地へと急いでいた。

鈍行に乗り換えたい。そう思ったのは五十歳のときだ。

学生時代の鈍行の旅が、とてつもなくなつかしくなった。

車窓の景色を眺めながら、地元の人たちの話を広げながら、駅弁を広げながら、名もない駅で散策しながら、ゆっくりゆっくり進むのだ。


どうせ誰もがゴールにたどり着くのだ。

先を急いでも仕方がない。


目的地に着くことが旅ではない。

その途中こそが旅なのだ。

そうだとすれば旅の途中を楽しんだほうがいい。

学生と話をしていたとき、夏休みに青春18きっぷを使って、サイコロの出た目の数だけ進んだ駅で降りる、という旅行をしたと聞いた。

（そういうの、いいなぁ）

「それ、学生ならではだよね」

私はその学生の旅を称賛した。

卒業して、大人になれば、お金よりも時間のほうが大切になってくる。

一分一秒を惜しんで新幹線に飛び乗る日も来るだろう。

しかし、のんびり鈍行で進んだ学生時代の思い出は、きっとかけがえのない経験になっているに違いない。

私もそんな旅行がしてみたい。


久しぶりに、青春18きっぷ、買いに行ってみようかな。

10

「教えない先生」とコウガイゼキショウ

コロナ禍の学生たちの本音

二〇二〇年から二〇二一年まで、新型コロナウイルス感染症の拡大により、授業はすべてオンラインで行われた。二〇二二年からは一部対面授業も行われたが、オンライン授業は続いた。私の近所の首都圏の大学に通う人たちは、大学が閉鎖されてオンライン授業になったため、下宿を引き払って、地元に帰ってきた。そして、大学に行くことなく地元で大学生活を送ったのである。

私の勤める大学は、地方だったから、外出自粛と言っても、都心部ほど不便は強いられなかった。

大学は閉鎖されたが、地方都市はそれほど密ではなかったから、最低限の買い物に行ったり、不便ながらも下宿生活を続けたりすることが可能だったのである。

それでも、私たちの大学も、授業はすべてオンラインとなり、学生たちと直接会う機会はめっきり減った。

「対面授業をしてほしい……」

学生たちの切実な声が聞こえてきた。


しかし、どうだろう。


あんなに求めていたはずなのに、いざ対面授業が始まった今、学生たちはオンライン授業をなつかしがっている。

確かにオンライン授業は効率がいい。


対面授業の良さは何だろう?


「教授に直接、質問したかった」

コロナ禍の学生アンケートでは、そんな声も聞こえた。

(学生諸君、コロナ前は、直接、質問しに来たことなんか、なかっただろ!)

私の勤める大学は、控え目な学生が多く、学生が質問をしに来たことは、ほとんどない。

しかし、学生たちの願いは本当だったのだろう。

対面授業が始まってからは、授業が終わった後に、学生が教卓のまわりに集まって、質問しに来るようになった。

もっとも中には、授業に関係のない質問もある。

「どうして雑草を研究することになったんですか？」

無邪気な顔で質問してくるが、これは私にはなかなか酷な質問だ。

イグサに魅せられて

じつは私が雑草を研究するようになったのは、大学院に進んでからだ。

大学院に進む前は、他の研究室に所属していた。そのときには、まだ雑草を研究する研究室がなかったのである。そして大学院に進んだときに、新設された雑草学研究室に移ったのである。

私の卒業研究の研究材料は「イグサ」だった。

イグサは、畳表の原料となる作物である。

主要な作物には、イネやコムギ、ダイズなどがある。しかし、私はマイナーな作物であるイグサに興味を持った。

研究材料に選んだ理由の一つは、あまり研究されていなかったからである。

もちろん、古くから研究されていて、本や論文にまとめられていたが、イネやコムギに比べると関係する論文はずっと少なかった。

もう一つは、植物として興味深かったからである。

イネやコムギは、イネ科の植物である。イネ科植物も植物としては独特であるが、授業でもさんざん習ってきたから、何となくはわかる。

一方、イグサはイグサ科の植物である。イグサ科は、イネ科と同じイネ目というグループに分類されるが、イネ科が新しいタイプであるのに対して、イグサ科は古いタイプの植物である。

もっとも、古いタイプとは言っても、イグサはイグサなりに進化をしている。

イグサは畳表の原料になるように、針のような葉っぱが特徴である。針のような葉っぱが並んでいるだけの、植物としてはとても奇妙な姿だ。

イグサも植物なので、茎を伸ばして花を咲かせるが、茎と葉っぱの区別もつきにくく、まるで葉っぱの途中に花を咲かせるかのようだ。

その植物としての、奇妙さに私は惹かれていた。

「研究している人が少ない」「植物として面白い」

今、思えば、それは後に研究を志す「雑草」に共通している特徴だったのかもしれない。


あるとき、大学の裏山で植物採集をするという授業があった。

その日は雨上がりで葉っぱが濡れていた。

山道を歩いているときに、一人の学生が、五センチほどの植物を採ってきた。小さくて葉っぱが固いから、標本にしやすそうという安易な理由が、その植物を採ってきた理由だった。

分類学の先生に聞くと、それはイグサだという。

「イグサですか！」

横で聞いていた私は驚いた。

「イグサって、栽培作物じゃないんですか!?」

イグサは、もともと湿地に生える植物である。じつは雑草なのだ。

その雑草であるイグサを栽培化して、作物であるイグサが誕生したのである。

栽培している作物のイグサは、一メートル以上にも成長する。道ばたに生えていた雑草のイグサは、わずか五センチほどである。

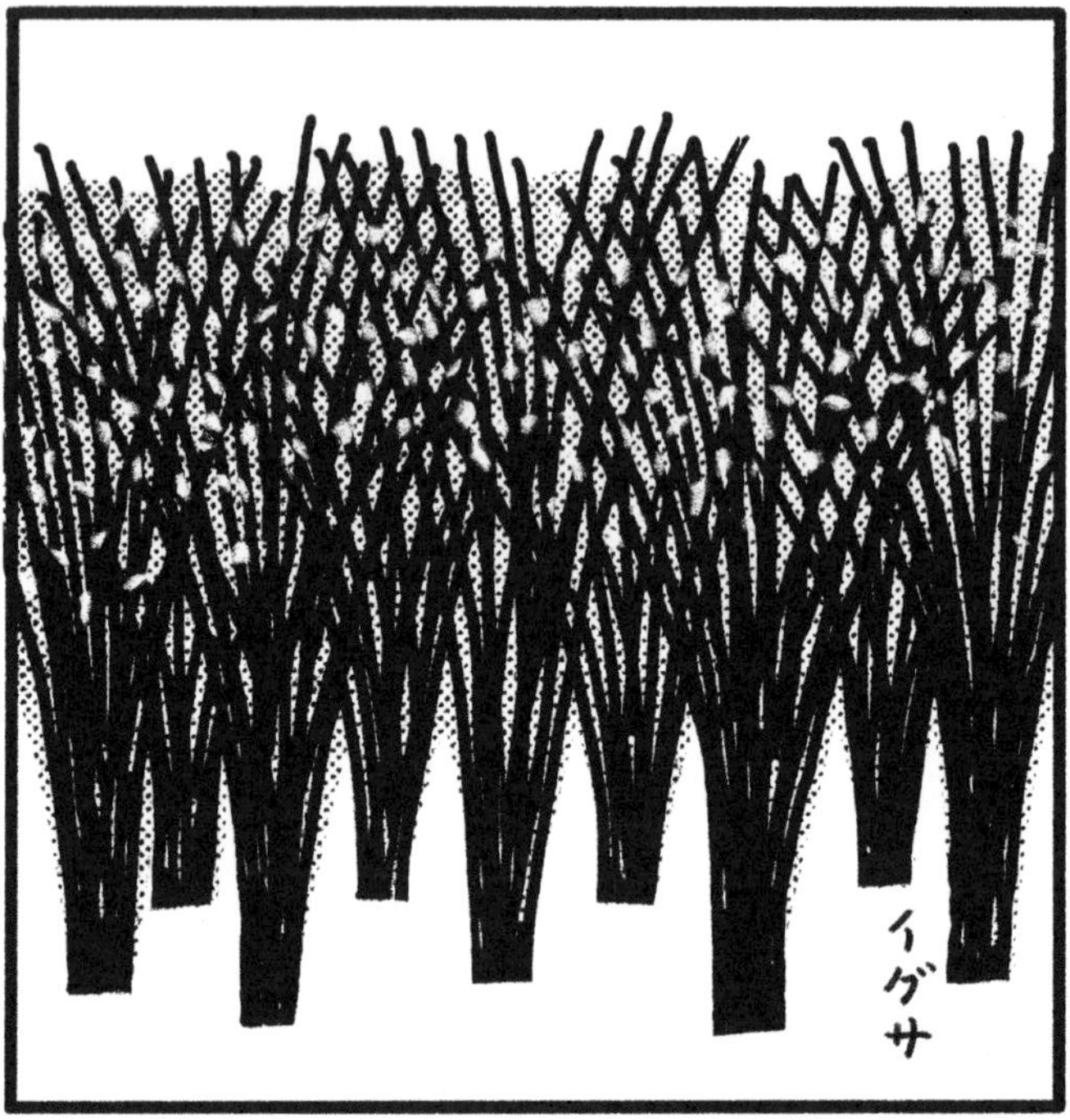
イグサ

まるでミニ盆栽のようにかわいいイグサに、私はすっかり魅せられてしまった。

人生を決定づけられた助教授のひと言

こうして卒業論文でイグサを研究することになった私は、ビニールハウスの中で水のたまるポットに土を詰めて、イグサの栽培を始めることになった。

そんなある日のことである。

イグサの栽培をしていると、その鉢から見慣れない植物が生えてきた。

雑草である。

その雑草は何となくイグサに似ていた。どこが似ているというわけでもなく、「何となく」である。

ただし、イグサは葉っぱが細長いのに対して、その雑草は葉っぱが平べったかった。

「何だろう？」

さっそく、指導教官の助教授（現在の准教授）の先生に聞いてみた。

今と違って、昔の教授の先生は怖かった。研究室の中で教授は特別な存在で、学生が教授に直接、質問をするなんて、とても勇気のいることだった。

そのため、主に私たちの指導をしてくれていたのは、助教授の先生だったのである。

イグサに似た雑草の種類について助教授の先生に問うと、こう答えてくれた。

このひと言が、後の私の人生を決定づけることになる。

助教授の先生は、私にこう言った。

「花が咲けば図鑑で調べることができるから、花が咲くまで抜かずに置いておいてごらん」

それからの私はイグサよりも、その雑草が気になるようになった。

情報が少ないとはいえ、イグサは作物だから、どういう風に育つかは、教科書にも細かく書かれている。ところが、横から生えてきたこの草が、いったいどのように育つのか、どのような花を咲かせるのかは、まるでわからない。

毎日、イグサを観察しに行くというよりも、イグサの横の雑草の成長のほうが気になって仕方がないありさまだった。

ドラマの主役よりも、脇役のアナザーストーリーのほうが気になるようなものだ。

やがて、この雑草は花を咲かせた。

図鑑で調べると、イグサ科の「コウガイゼキショウ」だった。

今にして思えば、けっして珍しいわけでもなく、ありふれた雑草だ。しかし、イグサに似ているようで似ていないこの雑草は、私の運命を決定づけた記念すべき最初のイグサ科の雑草である。

❦

もし、あのとき、助教授の先生が、「これは、コウガイゼキショウだよ」とすぐに答えを教えてくれたとしたら、私は雑草に興味を持つことはなかっただろう。「わかりました」と言って、すぐにその雑草を抜き捨てていたはずである。

しかし、助教授の先生は、雑草の名前を教えてくれなかった。

おそらく、助教授の先生は、その名前を知らなかったのだろうと思う。そして、適当にごまかしたのだろうとも思う。

もし、名前を知っていて、あえて私に観察させたのだとしたら、あの先生は相当の名伯楽だ。真偽は不明だが、助教授の先生のおかげで私は雑草に興味を持ち、雑草研究者となった。そして、教えないことの重要性を身をもって感じた私は、「教えない先生」となったのだ。

「教える力」と「教えない力」

私は学生たちに、簡単に答えを教えない。

「何ですか?」と質問されれば、「何だと思う?」と答える。

「どうしてですか?」と質問されれば「どうしてだと思う?」と答える。

まさにオウム返しだ。

スマートフォンが発達した現代では、インターネットや画像検索で、誰でも答えにたどりつくことができる。だから、スマートフォンは学習の邪魔になるという論調もある。

しかし、簡単に情報を手に入れることができたとしても、それを調べたいと思わなければ、情報を手に入れることはできない。「調べたい」と思えば調べられるのだから、「調べたい」と思うことが大切なのだ。

学生の誰もがスマートフォンを持っている今、私は学生に検索させれば勝ちだと思っている。最近の学生たちは、パソコンで配布された資料を見ながら授業を受けているので、授業中に気になって調べたことをコメントペーパー(授業の感想レポート)に書いてくる学生もいる。

授業で説明するよりも、自分で調べた知識のほうが、確実に記憶に定着するだろう。

「不思議だな」「なぜだろう」、と疑問に思うことが大切なのだ。

答えは簡単に手に入るのだから、答えを教えるよりも、答えを知りたくなるように仕向けることが、教える側の重要な役割の一つになっていると思う。

今、学生に教える立場になった私は「教える力」と「教えない力」を意識している。教えるのは簡単だ、知っていることは教えたい。しかし、教えない力が私を育ててくれた。先生が教えない部分は、自然が教えてくれるし、自分から学ぶ。「自然こそが真の教師なのだ」。

小学校のときに読んだ科学の本に、「このことを、今の君たちにわかるように教えることはできない。しかし、みんなが勉強を続けていけば、きっとわかる日が来るよ」と書いてあった。説明できないなら、わざわざ本に書かなければ良さそうなものなのに、私の心のどこかにこの一節が引っかかっていたのだろうか。高校の理科の授業で、その答えがわかったときに、その本を読んだときのことを思い出して、脳みそが揺さぶられるほど感動した。教わらないことのほうが学びが大きいときもあるのだ。

雑草学は学生に教えない学問である

これは雑草学を学ぶようになってから、わかったことだが、雑草学は学生に教えない学問である。

学部生のとき、私が所属していた研究室は、主にイネを研究していた。イネについては、教授の先生が一番くわしい。助教授の先生もとてもくわしい。次にくわしいのが大学院生だ。

そして、学部生のイネについての知識はとても乏しい。それはそうである。教授の先生にとってイネは、ずっと研究してきたものだし、研究室の誰よりもイネを観察している。

私の研究室の教授はイネの大家だったから、イネについては何でも知っていた。

初めてイネを栽培する学部生が敵うはずもない。

こうして、教授が一番優れていて、助教授が次に優れていて、学生の中では院生が優れていて、学部生が一番知らないという階層が自然とできあがる。

そのため必然的に、院生は先生の指導で研究を進め、学部生は院生の手伝いをしながら学んで行くというスタイルになるのだ。

学生の言うことのほうが正しくて、教授の先生が間違えているなどと言うことは、滅多に起こらない。

一方、雑草はどうだろう。

作物は種類が限られているが、雑草は種類が多い。主なものだけでも五〇〇種類はある。どんなに知識豊富な専門家であっても、すべての雑草に精通していることはない。

大学院になって私が研究材料として選んだ雑草は、まだ日本に入ってきて間もない帰化雑草だった。アメリカではかなり研究が進んでいたが、日本での情報はほとんどない。

指導教官の先生は、もちろん学生に比べれば雑草について膨大な知識を持っているが、私が研究する雑草については、まるで知らない。むしろ、毎日、観察している私のほうが先生よりもずっとその雑草にくわしくなっていく。

ゼミでディスカッションすれば、先生のほうが間違っていることもある。学生である私が、先生に教えることもある。

そのため、未熟ながら学生も研究者として認められて、先生と学生が対等に議論するような雰囲気があった。

イネの研究室、雑草の研究室

作物と雑草という植物のスタイルの違いは、学生の教え方の違いにも通じていたように私は感じていた。

イネは植物であるが、人間によって改良された植物のエリートである。

いつの時期に肥料をやるかは決まっていて、必要なときに必要な肥料が与えられる。

イネの栽培は、教育カリキュラムのように、きっちりとしている。

そのカリキュラムに沿って、管理すれば、間違いなく最大限のパフォーマンスを発揮することができるのだ。

そのせいか、私のいた研究室はまるでイネを育てるように、手厚い指導が行われた。


一方、雑草の研究室は、どちらかというと放任主義だ。学生の主体性に任せる傾向にある。勝手に生えてくる雑草だが、じつは育てようと思うと難しい。

下手に肥料をやると枯れてしまったりする。

雑草は自分で伸びる力があるので、下手に人間が手を加えると、うまく育たないのだ。

そのため、雑草が伸びたいように成長させる必要がある。

雑草の研究室の学生の育て方も、まるでこの雰囲気だった。


管理された教育か、学生の主体性を活かした教育か、これは、どちらが良いというより、人によってどちらが合うか、である。

私はイグサを研究しているときも、先生に指示された以外のことをやってみたり、あまり言うことを聞かなかった。むしろ手厚い指導が重荷だったのである。

私は雑草のように放置されるほうが、伸びる性格だったのだと思う。

管理するスタイルは、誰でもある程度、伸ばすことができる点で優れている。

一方、学生に任せるスタイルは、伸びる学生は、とてつもなく伸びる。私の期待を超える学生が現れる。しかし、伸びない学生はまるで伸びない。

どちらが良いという話ではない。

どちらが合うかという問題だ。

植物は場所によってパフォーマンスを発揮したり、しなかったりする。

それは、植物の問題ではなく、場所の問題なのだ。


「お前は破門だ！」


こうやって書けば、私がスムーズに雑草学の研究室に移ったように思うかもしれないが、実際は違う。

じつは、私が雑草を学ぶことは、多くの方に大迷惑を掛ける事件だった。

私がイグサを研究するフリをして、コウガイゼキショウの観察を続けていたとき、研究室にいた講師の岡先生が、新たに雑草の研究室を開くという噂が流れてきた。

農業において雑草を管理する作業は、作物を管理する作業の中で行われている。

つまり、作物を管理する作業は、雑草を管理する作業でもあるのだ。

そのため、雑草学は、圃場《ほじょう》での作物管理が行われる作物学や果樹園芸学の中で研究されることも多い。岡先生は雑草学の先生だったが、その関係で作物学の研究室に籍を置いていたのだ。


「雑草の研究!?」


その話を耳にして私は色めき立った。

そして、「雑草を研究したい!」という気持ちが沸き上がってきたのである。

やがて、その気持ちは、もう抑えきれないほどにふくらんでいた。


しかし、それからが大変だった。


「新設される雑草の研究室に移りたい」

思いがけない私の言葉を聞いた研究室の教授の先生は、激怒した。

「恩を仇《あだ》で返すなんて、お前は破門だ!」

私が先生に言われたのは、ただ、その言葉だけだ。

しかし、教授の先生が怒るのも無理はない。

大学院に進むことが決まっていた私は、教授の先生の紹介でニュージーランドへの一年間の留学が決まっていた。

先生もかなり期待してくださっていたのだろうと思う。

本当に私のワガママでしかなかったのだ。

エスケープ雑草の生きざま

「やりたいことを、やらせてやればいいじゃないか」

伝え聞くところによると、昆虫学の教授が、激高する私の指導教授を相当なだめてくれたらしい。

私は何のお咎《とが》めもなく、大学院で雑草学の研究室に移ることになった。

教員となった今、学生たちに迷惑を掛けられることも多いが、そんなの当時の私がやらかしたことに比べれば何でもないことだ。

あのときの私のことを思い出せば、かなりのことでも許すことができる。

本当に、私は自分のワガママのせいで、色々な先生方に迷惑を掛けた。

私は、本当にやっかいで面倒な学生だったのである。


新しく雑草学の研究室を開いたとき、岡先生は助教授だった。

しかし、大学院生の指導は、教授である必要がある。そのため、私を助けてくれた昆虫学の教授の先生が私の面倒を見てくれることになった。

私が雑草だけでなく、「雑草と昆虫の関係」という幅広い視点を持つことができたのは、この昆虫学の先生のおかげである。

本当にたくさんの先生のおかげで、私は好きな勉強をすることができた。

そして、本当にたくさんの先生に迷惑を掛けて、私は好きな勉強をさせてもらった。

教授となった今、この恩は、一生を掛けて、次の世代である学生たちに返していかなければならないのだろう。

作物だったものが、管理を抜け出して雑草になったものは、エスケープ雑草と呼ばれる。私は、本当に迷惑なエスケープ雑草だったのだ。

11 温泉卓球とスミレの花

茶摘みはおしゃべりしてこそ

私の大学の授業には、茶摘みの実習がある。

茶摘みというと、つらく大変な仕事であるようにも思われがちだが、昔の茶摘み娘たちだったおばあさんたちに話を聞くと、ぺちゃくちゃ、ぺちゃくちゃおしゃべりしながらにぎやかに行う、とても楽しみな行事だったらしい。「親の目を盗んで友だちとこっそり茶摘みに出かけた」という人もいたくらいだ。

今は茶摘みも機械で収穫するのが一般的だが、手で茶摘みをすることもある。

茶摘みの場合は、手で作業をすることに理由がある。手で摘んだほうがおいしいお茶になるのだ。特に「一芯二葉《いっしんによう》」と呼ばれる、先端の新芽の部分がおいしいと言われている。

機械で収穫すると、どうしても下のほうの葉っぱが入ったり、傷んだ葉っぱが入ったりする。良い芽だけを選ぶ手摘みのほうが、良質なお茶になるのだ。

「茶摘みのときはしゃべっていいからね。おしゃべりしながら作業してね」

そう言いながら、私も学生たちの中に入ってお茶を摘み始める。

しかし、なじみのない学生たちといきなり話す話題もない。

「サークル何やってるの？」

「入ってません」

いやはや、ひと言で終わってしまった。これはまずい。

「高校のときは何かやってたの」

「卓球部に入っていました」

私が中高生の頃は、卓球というと地味で暗いスポーツというイメージがあったが、今ではオリンピックでも日本選手は躍動し、華やかな人気スポーツとなった。

もっとも、私が中高生の頃は、まだJリーグもなかったから、プロスポーツと言えば、野球とゴルフくらいだった。バレーボールもバスケットボールも、まだプロリーグはなくみんなアマチュアスポーツだったのだ。

卓球に人気のプロリーグができる時代になるなんて、私が中高生のときは、まったく予期できなかったのだ。まさに隔世の感である。

「へぇー、卓球やってたんだ。ペン？　それともシェーク？」

「今は、ほとんどシェークですね。」

ペンはペンホルダー、シェークはシェークハンド、それぞれ卓球ラケットの種類だ。ちなみに私が高校生の頃は、ペンホルダーのほうが主流だった。

「先生って卓球できるんですか？」

他の学生が、話題に入り込んできた。

「ペンとシェークくらいは誰でも知ってるよ」

「そんなことはないですよ。十分くわしいです」

「でも、学生時代は、温泉卓球の狼って呼ばれてたよ」

「温泉卓球の狼ですか……」

「それじゃぁ、上手いのか下手なのかわからないですね」

学生たちは、笑っている。

よしよし、どうやら茶摘みらしくなってきた。

ただし、温泉卓球の狼と呼ばれていたのはでまかせではなく、本当の話だ。

私は卓球部でもなかったし、経験者でもないが、温泉卓球はそこそこ強かった。

それには理由がある。

こうして私は「温泉卓球の狼」になった！

高校三年生の冬になり受験が近づいてくると、何か逃げ出したくなるような気になる。急に掃除をしてみたり、気になっていた本を買ってきて読んでみたりする。そんなとき、休み時間に、気分転換のためにみんなで卓球をしようということになった。これがやり始めると面白い、毎日、卓球を楽しむようになった。

最初は三、四人でやっていたが、一人増え、二人増え、最後には一〇人で楽しんでいた。やがて二月になると受験に備えて、三年生はもう授業はなくなる。基本的には自宅学習となるのだ。ただし、教室は開放されていて、学校に来て勉強しても良いことになっている。

卓球仲間は、毎日、学校に来て、勉強をし、行き詰まると気分転換と称しては、卓球を楽しんだ。

ところが、だんだんと卓球をする時間が長くなっていき……、そのうち、学校では卓球ばかりやるようになり……、やがては、朝、ラケットだけを持って学校へ行き、卓球をして、お弁当を食べて、午後、卓球をして、夕方、ラケットだけを持って家へ帰るという生活に成り果てた。

「継続は力なり」という諺の通り、日々の継続というのは、大切である。

私はこの入試直前に、メキメキと卓球の腕を上げていった。

大学に入ってから、友だちと温泉宿に行ったとき、ラケットも借りずにスリッパでやった温泉卓球で、私はその腕前を披露した。そして、大学在学中、私は「温泉卓球の狼」の名をほしいままにしたのである。


もっとも、追い込んで勉強をしなければならない大切な時期に、そんなことをしていて合格できるほど、大学受験は甘くない。

私の卓球仲間一〇人のうち、現役で大学に合格したのは、三人だけだった。

しかも、一〇人のうち、東京大学を受ける友人だけは、知らない間に卓球に参加しなくなっていた。やはり東大に受かる人は違う。

つまり、最後まで卓球をやりきったのは九人で、そのうち現役で合格したのは二人だけだったのだ。そのうちの一人は私だが、かくいう私も第一志望の大学には見事に落ちたから、ちゃんと合格したのは、九人中一人だけである。

「一浪と書いて、ひとなみと読む」と言われた時代である。

信濃くんの得意技「中国四千年のサーブ」

高校生の頃、私は自転車通学だった。

学校で卓球を終えると、帰る方向が同じだった信濃くんとラケットを持って家に帰った。

信濃くんは「中国四千年のサーブ」を得意としていた。

ボールを天井高く放り投げて、ボールが落ちてくるまでの間に、体を一回転させて、その勢いのままにボールに逆回転を掛けるのだ。

もちろん、信濃くんは卓球部出身でもないから、そのサーブは、彼の自己流である。

「中国四千年」と呼んでいるが、その日に思いついたネーミングだ。

高く投げ上げられたボールを見れば良いのか、一回転する体を見ればいいのか、相手が戸惑っている間に……ということはまるでなく、ボールが落ちてくる間に体を一回転させることに、考え得る範囲で、まったく意味はない。むしろ、高く投げ上げられたボールをラケットに当てるのが精いっぱいで、簡単にリターンされることも珍しくなかった。

しかし、このサーブが繰り出されるのは、相手がマッチポイントのときなど、「ここぞ」というときである。信濃くんとダブルスを組んだときには、流れを大きく変える中国四千年のサーブは、本当に心強かった。

ボールを高く放り投げるとき、信濃くんはいつもうれしそうに笑っていた。

まぁ、私たちの卓球は、そのレベルだった。

卓球をする時間は、私にとっても楽しい時間だったのだ。


一度だけ、高校の授業をサボったことがある。

そのときのパートナーも同じクラスになったばかりの信濃くんだった。

信濃くんは私の席の後ろだった。英語の先生は、席の順番に問題を当てていく。

その日の授業は信濃くんと私が当てられそうな感じだった。しかし、課題はやっていない。

そこで、弁当を持って高校の裏山にハイキングに出掛けたのだ。

山の上の展望台から高校の校舎が見下ろせた。

今頃、英語はどうなっているだろう。席が並んで二つ空いているのは、さすがに怪しいかな。

遠くには春の富士山が霞んで見えた。足下にはスミレの花がお花畑を作っていた。

もっともスミレは色々な種類があるから、そのときのスミレが何スミレなのかは、私にはわからない。しかし、スミレの花畑で食べた弁当は本当においしかった。

たった一回、授業をサボって見た風景。富士山と校舎とスミレと弁当のある風景を、私は生涯忘れることはないだろう。

そして、早弁を平らげた私たちは、授業が終わった頃を見計らって、学校へ戻ったのである。ちなみに、その日の授業は英語の先生が長い雑談をして授業が進まなかったらしく、次の授業で私はしっかり当てられた。もちろん、想定外の事態である。私がまったく答えられなかったのは言うまでもない。

希望と絶望

大学二年生の夏の終わり、高校時代の友人から突然、電話があった。

その電話に驚いた。

信濃くんが死んだというのだ。


自殺だという。


（ウソだろ……）

私は目の前が真っ暗になった。

彼は有名大学の医学部を目指して二浪していた。しかし、夏の模試の結果が良くなかったことを悲観したのだという。

私はいつも帰省するときは鈍行だったが、その日は新幹線に飛び乗った。

彼の葬儀に、なつかしい高校時代の友人が集まった。

人間というのは、残酷なものである。葬儀のときは、不思議なほど悲しみは湧いてこなかった。

彼が死んだという事実よりも、久しぶりの仲間が集まったうれしさのほうが勝ってしまったのである。

高校を卒業してから二年間会っていないという点では、信濃くんも他の友人たちもまったく同じだった。葬儀の場でも、私たちが彼と対面する機会はなかった。そのせいもあって、「彼がこの世にいない」という実感がまるで湧いてこなかったのである。

葬儀の帰り道、集まった友人たちと、ファミレスで再会を楽しんだ。

希望通りの大学に行った友人もいれば、希望通りではなかった友人もいたが、すでに大学生になった私たちからすれば、どこであれキャンパスライフは楽しいものだった。実際に私も志望していなかった大学に行っていたが、十分に楽しい生活を送っていた。

しかし、私たちもまた、受験生のときには、目の前の大学受験がすべてであった。

志望大学に行くことが人生のすべてであり、模試の結果は自分の評価のすべてであった。

私は浪人をしたことがないから、気持ちがわかると簡単に言ったら、怒られるだろう。

本当の気持ちはわからない。

おそらく、彼の絶望感は想像もできないものだったのだろう。

人間はイヤな生き物だが、いいなと思うときもある

「受験勉強なんてやったってムダだ。大学なんてどこに行ったって一緒だ」。頑張っている受験生にそんなことをいうつもりはない。

勉強でもスポーツでも、目の前の目標に向かって頑張ることは、人生にとってかけがえのない経験になる。

しかし……。

それはすべてではない。

いや、大学受験を終えた人たちにしてみれば、それはささいなことだ。

だから、せめて、それがわかるまでは、自分の価値を勝手に判断せずに、生きていてほしい。

死んだらすべて終わりだ。死んだらすべて終わりなのだ。

もっとも私だって受験生のときは、受験のことで頭がいっぱいだった。

「頑張ることは価値のあることだ」

「頑張らないことは、ダメなことだ」

「できないことは、自分の努力が足りないだけなのだ」

そう思ってきた。

「雑草魂でガンバレ！　負けるな！」と机の上に張り紙していた。

その結果、先述したように、私は志望校に見事、落ち、志望しない大学に行った。

しかし、私はそこで雑草学に出会い、がむしゃらに頑張ることが雑草魂ではないことを知った。

そして今、雑草の本など書いているのだから、人生は面白いものだ。

人生のドラマは、私たちの想像を超えてはるかに面白い。将来、何が起こるか、誰も予期することができないのだ。


人生は、面白くないことも多いが、たまには面白いこともある。

生きていくことは悲しいことも多いが、たまには生きていて良かったと思えるときがある。

人間はイヤな生き物だが、人間っていいなと思うときもある。

そう思えるときがあるなら、やっぱり生きているほうがいい。

私は死んだことがないから、死んだ後のことはわからない。

しかし、生きている世界のことはわかる。

生きている人間の勝手な言い分かもしれないけれど、やっぱり死んじゃダメだ、と思う。

死んじゃダメなんだ。


人生は思い通りにいかない。

思い通りにいかないのが人生だ。

踏まれた雑草は立ち上がらない

雑草を見ていて気づいたことがある。

それはまっすぐ伸びている雑草はないということだ。

どの雑草を見ても、傾いていたり、曲がっていたりする。きっと、色々なことがあったのだろう。

しかし、雑草たちはそんなことを気にすることはなく、今日を生きている。

そして、花を咲かせている。

どんな形でもいい。花を咲かせれば勝ちなのだ。

雑草を観察するようになって、学んだのは、「踏まれた雑草は立ち上がらない」ということだ。雑草学を学ぶまで、私は「雑草は踏まれても踏まれても立ち上がるもの」だと思っていた。そして、それこそが雑草魂なのだと信じていた。

しかし、踏まれた雑草は立ち上がらない。

そもそも、どうして立ち上がらなければならないのだろう。

踏まれたら立ち上がらなければならないというのは、人間の勝手な思い込みだ。

雑草にとって大切なことは何だろう。それはけっして立ち上がることではない。

雑草にとって大切なことは花を咲かせることである。そして、実を結ぶことである。

そうだとすれば、踏まれても踏まれても立ち上がるというのは、相当にムダなことだ。そんなことをしている余裕があるのであれば、踏まれながら花を咲かせるほうがいい。

だから雑草は立ち上がらないのだ。

雑草は踏まれることなど気にしない。上に伸びなければいけないものでもない。地面に這いつくばっていたっていい。与えられた場所で与えられた環境で花をつけるのだ。

もう一度、言おう。

雑草にとって大切なことは立ち上がることではない。花を咲かせることだ。この「大切なことを見失わない生き方」こそ、本当の雑草魂だと私は思う。がむしゃらに頑張るのが雑草魂ではないということだ。

踏まれてもいい。倒れてもいい。
雑草にとって、それは、大切なことではないからだ。

雑草を学ぶようになって、スミレが閉鎖花《へいさか》をつけるということを知った。

閉鎖花とは、ツボミのまま開くことなく、種子をつける。これが閉鎖花である。スミレは暑くなって虫が少なくなってくると、誰にも開いた花を見せることなく、人知れず閉鎖花をつけるのである。

花は美しくなければいけないわけではない。
開いて咲くばかりが花ではない。
閉鎖花だって花は花だ。
誰にも気づかれなくても、
誰に認められなくても、

タネさえ残すことができればそれで良いのだ。
スミレは大切なことを見失わない。
大切なことを見失わない生き方、それが雑草魂なのだ。

私はそのことを学んだのだ。

バラのように生きる

信濃くんはベートーヴェンの第九が好きだった。
第九は「合唱付」と言われていて大勢の男女が大合唱するのが特徴だ。
私は、この大人たちが金切り声を上げて歌う曲を好きになれなかった。
彼が死んだ夏休み、私は再履修したドイツ語の単位を取り終えていた。
もう使わないであろうドイツ語の辞書を片手に、第九の歌詞を調べてみた。
第九は、ドイツの詩人であるシラーの詩が使われているらしい。

Freude trinken alle Wesen ／あらゆるものは歓喜を飲む、
An den Brüsten der Natur; ／自然の乳房から。

Alle Guten, alle Bösen ／すべての善人も、すべての悪人も
Folgen ihrer Rosenspur. ／薔薇の道をたどる。

当時の私のドイツ語読解能力では、まるで意味がわからなかった。

（？？？）

❦

もっとも、今の私にも、じつはよくわからない。

最近、学生時代に聞いた曲がなつかしくて、車の中でよく聴いている。

学生の頃、好きだった曲の一つに、サザンオールスターズの「希望の轍《わだち》」がある。

高揚感の高まるこの曲は、ドライブするときにぴったりの曲だった。

ドライブしながら見える湘南の風景を歌ったこの曲は、まだ見ぬ目的地へ、そして未来へと向かっていく歌に思えた。ただ、当時は、歌詞の意味など深く考えずに聴いていたし、調子に

乗ってカラオケで歌っていたりした。

しかし今、この曲を聴くと、その歌詞は胸に迫ってきた。

確かにこの曲は、過去から未来へと走って行く曲である。しかし、そこには過去を走ってきた轍が残っている。

そして、その轍は「振り返る度に野薔薇のような」なのだ。

思い出は甘酸っぱく、ほろ苦い。そして、思い出は美しいが、思い出すとトゲが刺さるように胸の奥深くがチクりとする。

この歌では決別した過去の恋を歌っているが、恋の思い出だけではないだろう。私は昔のことを思い出すたびに、胸にバラのトゲが刺さったような気持ちになる。

たとえ、深く傷ついた記憶があったとしても、思い出はそれをやわらかく包む。そして、小さなトゲの痛みに変えてくれることもある。

人はこうして記憶を轍にしながら、未来へと進んでいくのだ。

思い出したのは、第九で歌われたシラーの詩だ。

「すべての善人も、すべての悪人も　薔薇の道をたどる」

すべての人にとって人生はいばらの道なのだ。

生きることはつらく悲しい。

しかし、バラは美しさの象徴でもある。愛の象徴でもある。赤いバラは血の象徴であり、生きることの象徴である。

たとえ、どんなにつらく悲しかったとしても、生命は美しく輝いている、生きてさえいれば生命は輝き続けるのだ。

Küsse gab sie uns und Reben,／神は私たちに口づけとワインと、
Einen Freund, geprüft im Tod;／死の試練を受けた一人の友を与えた。
Wollust ward dem Wurm gegeben,／虫けらにも歓びが与えられ、
Und der Cherub steht vor Gott.／天使ケルビムが神の前に立つ。

口づけは愛、ワインは血のことだろうと私は勝手に解釈している。

生命の進化は私たちに、生命と死を与えてくれた。

そして、その生命の歓びは虫けらにさえ与えられているのだ。
だから、私たちは生きる。
そして、虫けらたちも生きる。
私たちにできることは、虫けらと同じように生きることだけなのだ。

❦

今、私のカーオーディオには、サザンオールスターズの「希望の轍」の次に、第九の第四楽章が入っている。
そして、第九を聴くたびに、生きている私の胸は、トゲが刺さったようにちょっぴり痛むのだ。

あとがき――スカシタゴボウとみちくさ研究家

「先生って、みちくさ研究家なんですか？」

学生たちが集まってきた。イヤな予感がする。どこで知ったんだろう。

「はいはい、授業始めるよ」

授業までまだ時間があったが、私は早めに学生を席に着かせた。

「みちくさ研究家」は私が若い頃、使っていた肩書きだ。その肩書きを知っているということは、きっと私が若い頃に書いたものを読んだに違いない。

若いときに書いたものを学生に読まれることほど、恥ずかしいものはない。

いやいやどうしたものだろう。

学生たちは、私がその話をするために席に着かせたのだろうと期待して、好奇心に満ちた目を輝かせている。

いやいや、困ったな。そもそも私は自分のことを話すのが苦手なタイプだ。

ましてや、昔の話など……。

どうやら、「みちくさ研究家」という私の肩書きを多くの学生がすでに知っているようだ。

(だからSNSは嫌いなんだ……)

とはいえ、もう逃げ場はなさそうである。

「この話、長くなるけどいい？」

私は話し始めた。

❦

私が雑草一筋で研究をしていた雑草の研究者だと思っている人は多い。あろうことか、テレビ番組でもそんな紹介をされて驚いた。

ただし、私は大学に赴任するまで、本格的に雑草を研究していたことはない。

本当は「雑草研究者」を名乗ることなど、おこがましいのだ。

社会人として最初に勤めたのは、農林水産省という場所だ。

当時、農林水産省の試験に合格すると、研究者になる人と、霞が関で官僚になる人に分けられた。私は研究する人になりたかった。ところが面接で試験官からはひと言「君は行政向きだねぇ」と言われてしまった。

(そんなことはない、私は研究がしたいのだ)

私はいかに自分が研究者に向いているか、そして私が研究をすることで、どれだけ日本農業に貢献できるかを、一生懸命に熱弁した。何とか、試験官を説得しようと必死だったのである。

そんな私の説明をひととおり聞いた後、その試験官は私にこう言った。

「そういうところが、行政向きなんだよ」

かくして、私は農水省の官僚となったのである。

研究志望ではあったが、農林水産省の仕事は面白かった。

試験官は私のそんな資質を見抜いていたのだろう。

「霞が関の官僚」は悪口を言われることが多いが、農林水産省で働く人たちは、本気で日本の未来を考えて、本気で農業を変えようとしていた。新人だったから、目の前の仕事は雑用ばかりだったが、そんな人たちと農業の話をすることはとても楽しかった。

もっとも、残業して疲れて帰る日もある。

終電を最寄りの駅で降りて、とぼとぼ歩いていると、道ばたに雑草が生えていた。ハコベだった。ハコベは田んぼの畦道や畑に生えているような雑草だが、都会でも普通に見られる。よく見ると、通勤路には見慣れた雑草がいっぱい生えている。

私は都会で頑張っている雑草の姿に、田舎から上京した自分の姿を重ねた。

「雑草の生き方」を強く意識したのは、東京で暮らしたときのことである。職場の近くに日比谷公園という公園があって、昼休みは日比谷公園に雑草を見に行った。職場の先輩たちが連れて行ってほしいというので、先輩たちと一緒に公園を散策した。

「これ、スカシタゴボウって言うんです。ゴボウみたいなのに、抜くと根っこが細いので、『スカシタ』なんです」私は学生時代の知識を披露すると、先輩たちは、「へぇ〜、面白い」と面白がってくれた。

都会の雑草は面白い。私はそう認識し、その後、調子に乗って『都会の雑草、発見と楽しみ方』という本を書くことになる。この本は、私が東京で暮らしたときの経験を基に書いたものだ。

今、思えば、先輩たちは昼休みに草を見に行くという新人が、心を病んでいるのではないかと心配してついてきてくれたのかもしれない。

しかし、先輩にスカシタゴボウが面白いと言ってもらったことがきっかけになって、私は俄然、東京の雑草に注目するようになった。

銀座の街中に春の七草を探し、渋谷のギャルたちがたむろする前に咲くスミレを見つけた。

オフィス街にかかる橋の真ん中には一本だけスズメノカタビラが生えていた。まわりには何も草が生えていないのに、どこからタネが飛んできたのだろう。電車に乗るときはいつも窓から線路沿いに生える雑草を眺めていた。

農林水産省の仕事は面白かったが、一度しかない人生であれば、研究をやってみたいという気持ちはあった。

私が入省した平成五年は、記録的な大冷害で稲作が壊滅的な被害を受けた年だった。米屋の前には行列ができ、当時輸入を禁止していた外国産の米を緊急輸入した。

どうやら大変なことが起きているらしいという全国のニュースは集まってくるが、霞が関の農林水産省の中は、田んぼの状況はおろか、今日は晴れているのか、雨が降っているのか、そのうち、昼なのか、夜なのかさえわからなくなってしまうような環境だった。

そこで私は、休暇を取って大学に行き、博士課程にいた大学の先輩に田んぼを案内してもらった。

見たこともない惨状だった。

日本の稲作技術はとても進んでいて、平年の収量を一〇〇とした作況指数という指標で、九五ではダメだというくらい、安定した生産が行われている。それなのに、この年の作況指数は、東北のある地域ではゼロである。

田んぼを見たとき、私の中で何かが崩れ落ちて、私は田んぼの見えるところで働きたいと思った。そして、翌年、私は故郷の公務員試験を受けたのである。

「アクティブな学生を採用したかったが、君はアクティブすぎた」

当時の試験官には寂しそうにそう言われた。私を選び、育ててくれた農林水産省の方々には、本当に感謝しかない。

❦

こうして、地方の公務員となった。

各地方には、農業試験場という研究機関があるが、そこでも私は研究者にはなれなかった。担当することになったのは畜産の普及員である。間近で見るホルスタインはでかかった。オスのブタがあんなに巨大だということも知らなかった。農家を指導するのが仕事だが、何も知らない私がプロの農家を指導できるはずはない。

私の経験など、若い人の役に立つはずもないが、もし、参考になることがあるとすれば、それは「わからないからこそ、わかることがある」ということである。

私は畜産については何も知らない。しかし、業界の常識が世の中の非常識であることもある。

私は知識がないという点では、業界以外の人間である。しかし、肉や牛乳を買うのは、知識のない一般人である。その点で、私はプロの一般人なのだ。

私が疑問に思うことはたくさんあった。詳細は省くが、このときの私の仕事の成果のすべては、私の素朴な疑問をヒントにしたものだ。

とはいえ、私が農家の指導などできない、役立たずな人間だったことは間違いない。

ところが、農家の方と話をしていると牧草地の雑草に困っているという。

ウシのことはまるでわからないが、「雑草なら何とかできます」と雑草対策を買って出た。

牧草地の雑草を農家の方向けに解説した「朝霧の雑草ノート」という冊子は、もう三十年も前に書いたというのに、未だにときどき読まれていて、とても恥ずかしい思いをすることもある。

❦

そうこうしているうちに、三十歳になろうとしていた。

三十歳までに研究所に異動にならなければ、もう別の道を考えようとしていた。

農家のための雑草対策は仕事であっても、当時の私の職務では、研究は仕事ではないので、家に帰ってから論文を書いたり、休みを取って学会に参加したりしていた。

そのようすを見ていた上司が、「そんなにやりたいならチャンスをやる」と研究所への異動願いを出してくれた。

こうして、私は晴れて研究所に配属となった。

私の人生には、何人も恩人と呼べる人がいるが、このときチャンスをくれた上司も、間違いなく恩人の一人だ。

ただし、困ったことがあった。

「やる気があって、優秀な人材だ」とホラを吹かれて送り込まれたおかげで、バイオテクノロジーや遺伝子の操作を行う、農業試験場の中では最先端の研究部署に配属になってしまったのである。

私は先端の研究をしたかったわけではなく、現場に近い研究をやりたかったが、実験室の中で作業をすることが多かった。

その中でも面白いと思ったのは、花や野菜の新しい品種を育成するという仕事である。本当は、新しい品種を作るときには、たくさんの花を掛け合わせて、たくさんの中から選び出すことを繰り返す地道な作業が必要なのだが、「研究」という視点では、品種を作り出す新しい技術の開発が行われていた。

担当するのは、主に花や野菜だったが、私は得意の「雑草」も持ち出した。

たとえば、イチゴの交配に雑草のヘビイチゴを使ってみた。

イチゴとヘビイチゴは交配することはできないが、ヘビイチゴの花粉をつけると、まれに花粉がついた刺激で、種子形成が始まることがある。もちろん、通常はこの種子は死んでしまうのだが、この未熟な種子を取り出すと、母親のイチゴのコピーの個体を得ることができるのである。

あるいは、種子から花が咲くまでの年数が長くて栽培が難しいとされているユリがあったので、それならば、種子から半年で花が咲く雑草のユリと交雑してはどうかと考えて、早く花が咲くユリの系統を育成した。

研究成果を認められたのか、次の異動も研究所内の内部異動となった。

研究内容は、植物の細胞から観測される微弱な発光の利用だった。もちろん、雑草とは何の関係もなく、暗い部屋の中で機械を動かすような実験を繰り返した。しかし、試しに雑草を計測してみた。すると、除草剤処理によって観測される光の強さが、除草剤で枯れる雑草と除草剤抵抗性雑草では異なることを見出した。

その後の異動では、害虫を防除する研究を担当したが、害虫のエサとなる雑草の種類を特定して、その雑草だけ生えないようにすれば、劇的に害虫を減らせることを明らかにした。

雑草の研究をしなさい、と言われたことは一度もなかったが、雑草学という軸足があったおかげで、得ることができた研究成果も少なくない。

私が「雑草を研究しています」と堂々と言えるようになったのは、四十五歳で教授として大学に赴任してからのことだから、ごくごく最近のことだ。

❦

私の人生を振り返れば、「みちくさ」を食ってばかりだ。

しかし、今になってみれば、ムダだったことは何一つない。役に立たなかったことも一つもない。

みちくさばかりの人生だが、振り返ってみれば、今の私に到るまでの、まっすぐな道だ。

もし、私が大学を出て、希望通りの研究者となり、希望通りに雑草の研究ばかりやっていたとしたら、私はきっと視野の狭い雑草オタクになっていたことだろう。

「みちくさ」は面白い。

「みちくさ」はすばらしい。

だから、若い人たちも、たくさんみちくさを食ってほしい。
みちくさのない人生よりも、みちくさのある人生のほうが、ずっとずっと面白いのだ。
私はそう思うのだ。

❦

あれ、どうした？
みんな寝てしまったのかな？
それだけ、先生の話が心地良かったということだよね。

本書は書き下ろしです。

稲垣栄洋

いながき・ひでひろ

植物学者。雑草学者。静岡大学大学院農学研究科教授。静岡県出身。岡山大学大学院農学研究科修了。博士（農学）。農林水産省、静岡県農林技術研究所等での勤務を経て現職。『弱者の戦略』（新潮選書）、『生き物の死にざま』（草思社）、『はずれ者が進化をつくる』（ちくまプリマー新書）、『生き物が老いるということ』（中公新書ラクレ）など著書は150冊以上。国立・私立中学入試【国語】最頻出著者としても知られる。

雑《ざっ》草《そう》学《がく》のセンセイは「みちくさ研《けん》究《きゅう》家《か》」

2023年11月10日　初版発行

著者　稲垣栄洋
発行者　安部順一
発行所　中央公論新社
〒100-8152
東京都千代田区大手町1-7-1
電話　販売　03-5299-1730
　　　編集　03-5299-1740
URL　https://www.chuko.co.jp
印刷　大日本印刷
製本　小泉製本

Published by CHUOKORON-SHINSHA, INC.
Printed in Japan
ISBN978-4-12-005710-6　C0045

稲垣栄洋の本

生き物が老いるということ

死と長寿の進化論

中公新書ラクレ

イネにとって老いはまさに米を実らせる、もっとも輝きを放つステージである。人間はどうして実りに目をむけず、いつまでも青々といようとするのか。実は老いは生物が進化の歴史の中で磨いてきた戦略なのだ。次世代へと命をつなぎながら、私たちの体は老いていくのである。人類はけっして強い生物ではないが、助け合い、そして年寄りの知恵を活かすことによって「長生き」を手に入れたのだ。老化という最強戦略の秘密に迫る。